U0346766

"分"享生活
——垃圾分类新时尚

奥秘画报社 编

有害垃圾　　可回收物　　其他垃圾　　厨余垃圾

YNK 云南科技出版社

·昆 明·

图书在版编目（CIP）数据

"分"享生活：垃圾分类新时尚 / 奥秘画报社编
. -- 昆明：云南科技出版社，2023．9
（科技助力乡村振兴点点通）
ISBN 978-7-5587-4991-9

Ⅰ.①分… Ⅱ.①奥… Ⅲ.①垃圾处理－普及读物
Ⅳ.① X705-49

中国国家版本馆 CIP 数据核字 (2023) 第 175270 号

"分"享生活——垃圾分类新时尚
"FEN" XIANG SHENGHUO——LAJI FENLEI XIN SHISHANG
奥秘画报社 编

出 版 人：温　翔
策　　划：高　亢
责任编辑：洪丽春　曾　芫　张　朝
助理编辑：龚萌萌
封面设计：云璞文化
责任校对：秦永红
责任印制：蒋丽芬

书　　号：ISBN 978-7-5587-4991-9
印　　刷：云南出版印刷集团有限责任公司国方分公司
开　　本：889mm×1194mm　1/32
印　　张：4.625
字　　数：117 千字
版　　次：2023 年 9 月第 1 版
印　　次：2023 年 9 月第 1 次印刷
定　　价：32.00 元

出版发行：云南科技出版社
地　　址：昆明市环城西路 609 号
电　　话：0871-64114090

编委会

"分"享生活

—— 垃圾分类新时尚

目录

"分"享生活
——垃圾分类新时尚

垃圾是什么

垃圾去哪儿了

垃圾是什么

　　党的二十大报告指出，大自然是人类赖以生存发展的基本条件。尊重自然、顺应自然、保护自然，是全面建设社会主义现代化国家的内在要求。必须牢固树立和践行"绿水青山就是金山银山"的理念，站在人与自然和谐共生的高度谋划发展。

　　我们要推进美丽中国建设，坚持山水林田湖草沙一体化保护和系统治理，统筹产业结构调整、污染治理、生态保护、应对气候变化。协同推进降碳、减污、扩绿、增长，推进生态优先、节约集约、绿色低碳发展。

重视垃圾分类
守护美丽家园

　　我们要加快发展方式绿色转型，实施全面节约战略，发展绿色低碳产业，倡导绿色消费，推动形成绿色低碳的生产和生活方式。深入推进环境污染防治，持续深入打好蓝天、碧水、净土保卫战。加强土壤污染源头防控，开展新污染物治理。提升环境基础设施建设水平，推进城乡人居环境整治，健全现代环境治理体系。提升生态系统多样性、稳定性、持续性，积极稳妥推进碳达峰、碳中和，实现高质量发展。

（一）垃圾的定义

　　垃圾是失去使用价值、无法利用的废弃物品，是物质循环的重要环节，是不被需要或无用的固体、流体物质。在人口密集的大城市，垃圾处理是一个令人头痛的问题。常见的做法是收集后送往堆填区进行填埋处理，或是用焚化炉焚化。但两者均会造成环境保护的问题，而终止过度消费可进一步减轻堆填区饱和程度。堆填区中的垃圾处理不但会污染地下水和发出臭味，而且很多城市可供堆填的区域已越来越少。焚化则不可避免地会

产生有毒气体，危害生物体。全国大多数城市都在研究减少垃圾产生的方法和鼓励资源回收。

　　垃圾分类是实现减量、提质、增效的必然选择，是改善人居环境、促进城市精细化管理、保障可持续发展的重要举措。能不能做到垃圾分类，直接反映一个人，乃至一座城市的生态素养和文明程度。

（二）"国际零废物日"

"国际零废物日"旨在促进可持续消费和生产模式，支持社会向循环型转变，并提高人们对零废物倡议如何促进 2030 年可持续发展议程这一问题的认知。

废物在很大程度上造成了气候变化、生物多样性的自然损失以及污染这三重地球危机。人类每年产生约 22.4 亿吨城市固体废物，其中只有少部分得到处理。每年大约有 9.31 亿吨食物被丢弃或浪费，多达 140 万吨的塑料废物进入水生生态系统。

零废物倡议可促进健全的废物管理，最大限度地减少和防止废物产生。有助于解决三重地球危机、保护生态环境、加强粮食安全并改善人类的健康与福祉。

零废物方法要求在一个封闭的循环系统中负责任地生产、消费和处置产品。这意味着要尽可能多地重复使用或回收资源，并最大限度减少对空气、土地或水的污染。

★ "国际零废物日"的背景

2022 年 12 月 14 日，联合国大会第七十七届会议上通过一项决议，宣布每年的 3 月 30 日为"国际零废物日"。在此之前，联合国环境大会于 2022 年 3 月 2 日通过了其他有关废物的决议，包括"结束塑料污染：制定具有法律约束力的国际文书"。

在"国际零废物日"期间，邀请会员国、联合国系统各组织、民间社会、私营部门、学术界、青年和其他利益攸关方参与，旨在提高对国家、国家以下、区域和地方零废物倡议及其对实现可持续发展的贡献的认识活动。联合国环境规划署（环境署）和联合国人类住区规划署（人居署）共同推动"国际零废物日"的庆祝活动。

通过这一国际日推广零废物倡议有助于推进《2030 年可持续发展议程》中的所有目标和具体目标，包括可持续发展目标 11 和可持续发展目标 12。这些目标涉及各种形式的浪费，包括粮食损失和浪费、自然资源开采和电子废物等。

★实现零废物需要各级采取行动

要把产品设计得经久耐用，并使用更少、对环境产生影响更小的材料。通过选择资源密集度较低的生产和运输方式，制造商可进一步减少污染和浪费。广告和密切管理需求可进一步实现整个产品生命周期的零废物。

通过改变习惯，在妥善处理产品之前尽可能多地重复使用和修复产品，消费者也可以在实现零浪费方面发挥关键作用。

政府、社区、行业和其他利益攸关方越来越认识到零废物倡议的潜力，开始通过金融和政策制定加强废物管理并改善回收系统。可持续消费和生产全球战略可指导这一转变。该战略由联合国大会、会员国和利益攸关方制定，呼吁到 2030 年，在所有部门采用可持续消费和生产目标。

（三）垃圾的来源

在我们生活中随时都可以看到垃圾，垃圾的来源有：

● 食品垃圾（厨余垃圾）：是居民排除垃圾的主要成分。

● 普通垃圾（零散垃圾）：包括纸类、废旧塑料、罐头盒、玻璃瓶、陶瓷、木片等日用废物及无机灰分等。

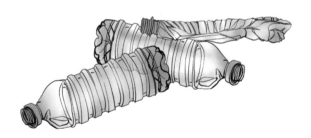

● 庭院垃圾：包括植物残余、树叶、树杈及庭院中清扫的其他杂物。

● 清扫垃圾：指道路、桥梁、广场、公园等露天场所清扫、收集的垃圾。

● 商业垃圾：指城市商业、各类商业服务型网点或专业性营业场所 (菜市场和饮食店等) 所产生的垃圾。

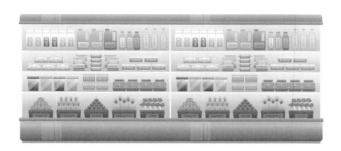

● 建筑垃圾：指在维修或修建城市建筑物和构筑物时，施工现场所产生的垃圾。建筑垃圾包含建设、施工单位或个人对各类建筑物、构筑物、管网等进行建设、敷设、拆除或修缮过程中所产生的渣土、弃土、弃料、淤泥及其他废弃物。

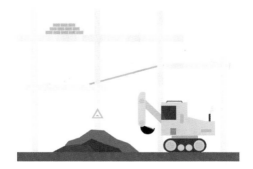

● 危险垃圾：包括医院传染病房、放射治疗系统、核试验室等场所所排放的各种危险垃圾。通常，这类垃圾都被划分为危险废物进行单独特殊处理。

● 其他垃圾：除以上各类产生源外的不同场所所产生的垃圾的统称。

（四）垃圾的危害

★对土地的危害

在我们的生活中，每天都会产生大量的生活垃圾，大量的生活垃圾会占据宝贵的土地资源。特别是对于我国这种人均土地资源很少的国家来说，不但对我们的正常生活带来严重影响，而且还会破坏大自然的生态平衡。

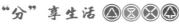
★对水和大气的危害

　　垃圾如果长时间不处理或处理方法不当，就会释放出氨、硫化物等有害气体。垃圾中还有大量有机污染物和有毒重金属，在雨水的作用下，它们会被带入河流、湖泊中，对水体造成严重的污染。

　　● 垃圾露天堆放，大量氨、硫化物等有害气体释放，严重污染大气和城市的生活环境。

　　● 严重污染水体。垃圾不但含有病原微生物，在堆放腐败过程中还会产生大量酸性或碱性的有机污染物，将垃圾中的重金属溶解出来，形成有机物质、重金属和病原微生物"三位一体"的污染源。雨水混入产生的渗滤液必然会造成地表水和地下水的严重污染。

★ 传播疾病

垃圾会衍生各种各样的病菌、病毒、害虫等，而且还含有大量的微生物。并且会释放出刺鼻的气味，对广大市民的身体健康造成严重危害。

● 生物性污染。垃圾中有许多致病微生物，同时，垃圾往往是蚊、蝇、蟑螂和老鼠等的滋生地，这些必然会危害广大市民的身体健康。

● 垃圾爆炸事故不断发生。随着城市中有机物含量的提高和垃圾由露天分散堆放变为集中堆存，只采用简单覆盖方式处理，易形成产生甲烷气体的厌氧环境，易燃易爆。

（五）垃圾分类的益处

★减少环境污染

　　由于我国垃圾没有进行分类处理，现代的垃圾中大多含有化学物质，会导致人们发病率提升。如果通过填埋或者堆放处理，即使远离生活场所对垃圾进行填埋，并且采用了相应的隔离技术，也难以杜绝有害物质渗透。这些有害物质会随着地球的循环而进入整个生态圈中，污染水源和土地，通过植物或者动物，最终影响到人类的身体健康。

★节省土地资源

垃圾填埋和垃圾堆放等垃圾处理方式占用土地资源，垃圾填埋场都属于不可复制场所，即填埋场不能够重新作为生活小区。且生活垃圾中有些物质不易降解，使土地受到严重侵蚀。将垃圾进行分类，去掉可以回收的、不易降解的物质，可减少垃圾数量达 60% 以上。

★再生资源的利用

　　垃圾的产生是主要源于人们没有利用好资源，将自己不用的资源当成垃圾丢弃，这对于整个生态系统的损失都是不可估量的。在垃圾处理之前，通过垃圾分类回收，可将部分垃圾变废为宝。如回收纸张能够保护森林，减少森林资源的浪费；回收果皮、蔬菜等生物垃圾，可作为绿色肥料，让土地更加肥沃。

★提高民众价值观念

　　垃圾分类是处理垃圾公害的最佳处置方法和最佳出路。将垃圾进行分类已经成为一个国家发展的必然路径。垃圾分类能够使民众学会节约资源、充分利用资源，养成良好的生活习惯，提高个人的素质。一个人如果能够养成良好的垃圾分类习惯，那么他就会关注环境保护问题，在生活中注意资源的珍贵性，养成节约资源的习惯。

（一）垃圾的分类

我们的家往往是生活垃圾产生的地方。垃圾分类是处理生活垃圾的第一步，是由居民来完成的。

垃圾分类是指在垃圾产生的源头，将不同类型的垃圾按照一定的标准或规定进行分开收集、分别投放，为后续的垃圾处理工作提供便利，有助于垃圾减量化与资源化。目前，我国一般将生活垃圾分为厨余垃圾、可回收物、有害垃圾和其他垃圾。

垃圾的性质在垃圾分类与处理的过程中，也发生着变化。在私人住宅范围内，垃圾属于居民的私有物品。所以，当这些生活垃圾还在家里时，我们有责任、有义务将它们按照一定的类别进行收集投放。以前，生活垃圾由垃圾分拣厂统一进行处理，造成了很大的资源浪费，也耗费了很多时间和人力。如今，生活垃圾分类成为新的时尚潮流，我们在生产垃圾的同时将垃圾进行科学处理，养成垃圾分类的意识和习惯，在日常生活中时时践行环保理念。

垃圾分类并不难，也不会耗费太多的时间和精力。我们可以在家中放置四个垃圾桶，分别为蓝色的可回收垃圾桶、绿色的厨余垃圾桶、红色的有害垃圾桶和灰色的其他垃圾桶。在日常生活中，我们只需将不同种类的垃圾随手扔进对应的垃圾桶里，就可轻松完成垃圾分类。

（二）垃圾的投放

在倾倒垃圾时，把不同种类的垃圾分别放入对应的垃圾车或垃圾收集区即可。但在垃圾分类的实践中，还需注意以下几点：

★扔垃圾时，要密封好垃圾袋

在进行垃圾分类后，请把垃圾袋密封好再投放。这样做是为了防止垃圾被丢弃后散落出来，与其他种类的垃圾混合在一起。一旦散落，我们之前所做的分类工作便"前功尽弃"了。而且，一些厨余垃圾是液体的，如果垃圾袋没有密封好，废液便很容易流出来，破坏垃圾车或垃圾收集区的整洁，甚至散发臭味、滋生蚊虫。即使垃圾袋已经密封好，在投放时也要小心轻放，避免垃圾袋在投放过程中破裂。

★处理纸制品时，尽量整齐地叠放

　　可回收的纸制品垃圾，在投进可回收垃圾桶之前，还需要我们做一些必要的处理，以便于更好地回收利用。比如，将皱皱的纸团展开、抻平后再叠放，这样不仅能节省垃圾桶的空间，还能最大限度地保护纸张的完整性。除此之外，将浸湿的纸张晾干后再扔进垃圾桶，也是一个好习惯，这样可以防止其他纸制品被沾湿、弄脏甚至毁坏。

★处理瓶子、罐子等垃圾时，尽量投放空瓶

饮料瓶、调味料瓶、易拉罐等多用来盛放液体，都是家中经常出现的垃圾。在处理这类垃圾时，应先将里面的液体喝完或倒光，确保空瓶后再投放。这样，各种各样的液体就不会混合在一起，也不会从垃圾袋中流出或溢出，沾染其他垃圾或弄脏垃圾桶，还能减轻垃圾袋的重量，方便我们投放。在后续的垃圾处理过程中，也不必再过多耗费人力和时间对这些瓶瓶罐罐进行复杂的清理。

★处理易碎垃圾时，应小心轻放

家庭中产生的易碎垃圾主要有玻璃制品、瓷器、碗碟等，处理这些垃圾时，应格外小心，轻拿轻放，必要时还可采取一些防护措施，如包扎、装箱等。因为它们一旦被打碎，其断裂面非常锋利，不仅容易划破垃圾袋或垃圾桶壁，还可能划伤或扎进我们和环卫工人的皮肤，造成意外伤害。因此，投放此类垃圾时，不要用力扔掷或猛砸。

★投放完垃圾后，应盖好垃圾桶盖

　　大部分人在家中都会使用带盖子的垃圾桶，扔完垃圾后便盖好。请不要忘了，我们所在小区或社区的垃圾车或垃圾集中区，也是日常生活环境的一部分，因此，我们应该保护它的整洁与卫生。每次分类投放完垃圾后，记得随手盖好垃圾桶盖，以免有垃圾从桶中散落出来。密闭的垃圾桶还能有效防止蚊虫滋生、臭味弥漫，保持良好的环境。

（三）你的快递包装都"会扔"吗

不同类型的快递包装不同，分类回收处理方式也不同。不同的快递包装怎么扔？快递包装除了"被扔"的命运还能怎么"变身"？一起来看看吧！

★干垃圾

● 保鲜冰袋

保鲜冰袋属于干垃圾，应投放进"干垃圾／其他垃圾"垃圾箱。投放时应尽量沥干水分。

● 最普通的快递外包装袋

最普通的快递外包装袋属于干垃圾，应投放进"干垃圾／其他垃圾"垃圾箱。（个人快递信息单也属于干垃圾，但为了安全起见，建议大家撕下并涂抹后再扔进垃圾箱）。

● 透明胶带

透明胶带属于干垃圾。在进行垃圾分类时，要将胶带与其所固定的外包装分离，然后投放进"干垃圾／其他垃圾"垃圾箱。

★ 可回收垃圾

● 包装纸盒

包装纸盒属于可回收垃圾，应投放进"可回收物"垃圾箱。投放时应清洁干燥，避免污染，清空内容物后压扁投放。

● 完整泡沫塑料

完整的泡沫塑料属于可回收垃圾，应投放进"可回收物"垃圾箱。具体投放方式参考包装纸盒垃圾。另外，碎泡沫塑料不可回收，应投放进"干垃圾/其他垃圾"垃圾箱。

● 信封袋

信封袋属于可回收垃圾，应投放进"可回收物"垃圾箱。投放时同样要注意保护个人信息安全。

（四）垃圾分类"四步骤"

第一步：是不是有毒有害

第二步：是不是可回收物

第三步：是不是易腐烂发酵发臭

第四步：剩下的都是其他垃圾

★ 第一步

有害垃圾：会对人体健康或自然环境造成直接或潜在危害，分类投放后将交由专业的处置单位进行无害化处理。日常生活中，常见的有害垃圾并不多，记住口诀："汞灯药池漆"。

电池	灯管	家用化学品

★ 汞：即含汞（水银）的温度计、血压计等。

★ 灯：即灯管，如荧光灯管。

★ 药：即药品及其内包装。

★ 池：即电池，除碱性电池、锂电池等以外，多数电池一般都是有害垃圾，会含有或产生铅、汞、镉等有毒、有害重金属元素和物质。

★ 漆：即油漆等易挥发的有害溶剂，如油漆桶、指甲油等。

★第二步

可回收物：是适宜回收、可循环利用的生活废弃物。可回收物的种类虽然不少，但也有方便记忆的口诀："纸塑玻金衣"。

可回收物要保持干燥、干净无异味，投放到相对应的收集容器或暂存点。

　　▲ 纸：即废纸，且一般有一定的硬度。如打印纸、信封，而纸巾、湿纸巾、纸质餐饮具等，无论使用过与否，都没有回收价值。

　　▲ 塑：即干净的塑料制品，如清洗过的饮料瓶、泡沫塑料等。而用餐后带有油污和残渣的一次性塑料餐具或污染的塑料袋，没有回收价值。

　　▲ 玻：即"纯粹"的玻璃制品，而玻璃和涂层组成的镜子，是复合型产品，不属于可回收物。

　　▲ 金：即金属制品。

　　▲ 衣：即废织物，但不包括毛巾、内衣、丝袜等。由于用途特殊等原因，它们没有回收价值。

★第三步

厨余垃圾：是指以有机质为主要成分，具有易腐烂、发酵、发臭等特点的生活垃圾。分类投放后，将交由专业的处置单位"堆肥"、发电、提取生产可用物质或无害化处理，绝大多数食物都属于厨余垃圾。只要记住以下这些不是厨余垃圾就能准确分类：竹制品、大骨头、硬贝壳、椰子壳、榴梿壳、核桃壳、甘蔗皮、玉米衣、粽叶、硬果核等。

厨余垃圾应当沥除油水，去除食物包装、餐具制品、大块骨头、贝壳等杂质，在指定时间段投放至专用收集容器。

为减少市民群众垃圾分类的麻烦，家庭厨余垃圾投放要求不破袋，将在末端环节统一处理。

★ 第四步

其他垃圾：指除有害垃圾、可回收物、厨余垃圾以外的其他生活废弃物，大多数家用卫生品是复合型的。由多种材质、部件组成却难以拆解的产品，如打火机、笔、伞等。

尘土	烟头	破损花盆/破碟/陶瓷制品	毛发
已污染的塑料袋（膜）	一次性用品	已污染的纸巾	内衣裤

旧毛巾

> 受到污染的纸类/塑料袋（膜）/织物，破损的花盆或陶瓷等难以回收利用，属于其他垃圾。

（五）垃圾的分类宣传

　　垃圾分类宣传工作是提高垃圾分类知晓率、普及垃圾分类知识的关键环节，应当保证在投放设施周围、公共场所等地的垃圾分类宣传知识数量和质量，确保内容通俗易懂、形式生动多样。

（六）垃圾的收集

农户按能否腐烂为标准对垃圾进行初步分类，投放到指定区域。保洁员在农户分类收集的基础上，进一步细分、收集、运送到垃圾转运站或按照规章制度处理。

砂土、冬季煤灰和建筑垃圾实行综合利用。各村设立煤灰建筑垃圾集中堆放点或处理场所收集垃圾，对垃圾进行再利用或集中处理。

垃圾分类收集人员可单独设置，也可由保洁人员兼任；分类运输及转运人员应专门配置。

★ 定时收集

环卫保洁员、垃圾收集员、分类督导员等均应持证上岗。保洁、收集、督导人员工作时应佩戴村委会或环卫运营企业颁发的标牌/标志，有条件时应统一着装。

分类收集车辆（车辆类型包含机动车和非机动车两种，有条件的地区宜全部采用机动车收集，如此可提升收集效率、降低收集作业人员作业强度，但考虑到部分农村地区发展水平，也可采用机动车和非机动车结合配置的形式）数量和类型应根据当地垃圾分类模式、垃圾类别、垃圾量、收集频率及收集范围等因素合理配置。

收集车辆车身应喷涂与收集垃圾相应的垃圾类别和

分类标志，并应在明显位置标识作业单位的名称、收运联系电话和监督投诉电话。对于装桶式收集车辆，应确保容器有盖密闭；容器式收集车辆应保证容器密闭或加装有相应防护设备，以避免各种污染环境的现象发生。

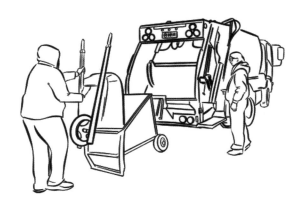

★自行投放

　　垃圾分类设施容器的显著位置应有清晰的垃圾分类标志，垃圾分类收集容器表面的分类标志便于展示其设施容器的性质、功能，并作必要提示。

　　分类设施容器应保持完好和整洁美观，出现破旧、污损或数量不足的情况时，应及时维修、更换、清洗或补设。应保质保量配置分类设施容器，保证其完好整洁。一方面，可以营造良好的村容村貌；另一方面，可以有效避免垃圾散漏造成污染。

　　专业分类收运作业人员协助村委会开展垃圾分类宣教工作，帮助居民正确、规范投放垃圾。同时也要起到一定的监管作用，对不合规的投放行为要坚决制止。

　　应以居民易见、易懂、易接受、易操作、易保持，环境效益易显现为原则，向村民宣传普及垃圾分类投放、分类收集、分类运输和分类处理等知识。

市民在家中或单位等地产生垃圾时，应将垃圾按本地区的要求做到分类贮存或投放。并注意做到以下几点：

▲ 垃圾收集

收集垃圾时，应做到密闭收集，分类收集，防止二次污染环境。收集后应及时清理作业现场，清洁收集容器和分类垃圾桶。采用非垃圾压缩车直接收集的方式，应在垃圾收集容器内置垃圾袋，通过保洁员密闭收集。

▲ 投放前

纸类应尽量叠放整齐，避免揉团；瓶罐类物品应尽可能将容器内容物用尽后，清理干净后再投放；厨余垃圾应做到袋装、密闭投放。

▲ 投放时

应按垃圾分类标志的提示，分别投放到指定的地点和容器中。玻璃类物品应小心轻放，以免破损。

▲ 投放后

应注意盖好垃圾桶盖，以免垃圾污染周围环境，蚊蝇孳生。

（七）垃圾桶的选择、清洗和消毒

★垃圾桶的选择

● 作为家居使用的垃圾桶，最好选择不锈钢或竹编材质的垃圾桶，便于清洗，且材质没有污染。目前，有很多不良商家在生产塑料垃圾桶的过程中添加不明物质，可能带有污染物质影响健康，存在健康隐患。购买塑料垃圾桶时，尽量选择国家质量认证产品。

● 其次，尽量购买带盖的垃圾桶，方便保洁室内环境，防止散发异味。如在厨房，没有盖子的垃圾桶不仅会有难闻的气味影响你的食欲，而且在烧菜的时候也有可能被垃圾影响。

● 选择小容量垃圾桶，家庭垃圾最好每日清理，尤其是卫生间的垃圾，不要长时间存放。卫生间多半潮湿阴暗，细菌容易大量繁殖。因此，最好选择小容量的垃圾桶，每天一换。

★垃圾桶的清洗

● 将垃圾桶里面的垃圾倒空，并用铲子弄干净，或倒立将垃圾倒出。

● 准备好刷子、水、洗洁精或洗衣粉等清洁用品，取掉垃圾袋，将清洁用品放入垃圾桶内。

● 将水倒入桶内，加入洗洁精或洗衣粉，浸泡几分钟。

● 之后倒入水，再用刷子沿着桶仔细地擦刷，可用刷子刷完后，再用抹布擦一遍。

● 用清水净一遍，放在阴凉处晾干。

● 用垃圾抹布绑在木条上，放入桶内，将水珠擦拭干净，便可以套上新的垃圾袋。

★垃圾桶的消毒

垃圾要及时清运，未清运的垃圾要置于有盖的垃圾桶内，每天用含有氯或溴 1000 毫克每升的消毒溶液喷洒垃圾桶内、外表面。

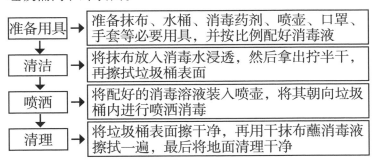

准备用具	→	准备抹布、水桶、消毒药剂、喷壶、口罩、手套等必要用具，并按比例配好消毒液
清洁	→	将抹布放入消毒水浸透，然后拿出拧半干，再擦拭垃圾桶表面
喷洒	→	将配好的消毒溶液装入喷壶，将其朝向垃圾桶内进行喷洒消毒
清理	→	将垃圾桶表面擦干净，再用干抹布蘸消毒液擦拭一遍，最后将地面清理干净

（八）垃圾的运输

垃圾的运输是指垃圾收集车把收集到的垃圾运至处置区、卸料和返回的全过程。这是整个垃圾收运管理最复杂、耗资最多的环节,在垃圾处理中发挥着重要的作用。

垃圾收集车是专门用于运输垃圾的车辆,不同的垃圾车发挥着不同的作用和功能,适用于不同的垃圾处理地点。垃圾收集车主要分为自卸式垃圾车、摇臂式垃圾车、挂桶式垃圾车、拉臂式垃圾车和压缩式垃圾车等。

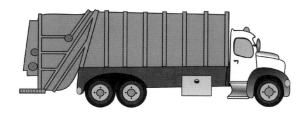

★自卸式垃圾车

适用地点:生活小区、商业区。

特征:车体两侧都带垃圾投入口,车上有音乐喇叭。居民听到垃圾车音乐后,便可以拎出各自家中密封好的垃圾袋,投进垃圾车。

优点:可避免由垃圾堆放造成的环境污染,实现"垃圾不落地"。

★摇臂式垃圾车

适用地点：城镇。

特征：垃圾斗有方形和船式两种，随车配备一个或多个垃圾斗，通过两根摆臂将垃圾斗摆上或摆下。

优点：结构简单、操作灵活、性能可靠、转运效率高。

★挂桶式垃圾车

适用地点：街道。

特征：一般与街道边的铁质或塑料垃圾桶配套使用。驾驶员不用下车，通过在车内操作，便可完成垃圾桶的抓取、倾倒、放回等一系列动作。

优点：效率高、自动化程度高。

★拉臂式垃圾车

适用地点：城市的垃圾中转站、小区、学校。

特征：随车配备一个或多个垃圾斗，通过液压缸带动拉臂，将垃圾斗拉上或放下。垃圾斗与垃圾车可分离。

优点：方便、快捷。

★压缩式垃圾车

适用地点：城市。

特征：分为侧装式和后装式两种。整车为全密封型，可自动压缩、自动倾倒，并能通过压缩过程将污水全部压入污水箱。

优点：收集方式简便、压缩比高、装载量大、作业自动化、整车利用效率高、密封性好。

分类投放后的各类垃圾应分类收运，严禁混合收运。

乡镇及以上主管部门应制定统一的垃圾分类作业考评办法，便于不断监督、提高垃圾分类收运作业人员作业质量。

通过对分类过程进行量化考评，有利于促进整个收运过程规范进行。考评内容可包括分类及时性、分类垃圾量、分类质量、分类设施设备的完备性及整洁程度、服务区域垃圾分类效果、宣传教育到位程度等。

有条件的地区，可适当、逐步采用智能化技术完善优化垃圾分类措施。

在投放环节，应以行政村为单位分别建立台账，记录垃圾分类主体的投放情况；在分类收集、分类运输、分类处置环节，应以收运处理机构及收运设施为单位建立台账，记录分类收运处理量及各类设施运行情况。对于收运企业，台账管理应重点做到将分类收运车辆信息与垃圾来源、数量、去向相对应，做到有源可溯、有责可追。垃圾分类电子台账应按月上报乡镇相关机构。

（九）垃圾的处理

农村地区应因地制宜建立乡镇（街道）、村（屯）多层级垃圾分类管理制度，并对不同类别垃圾的投放时间、地点、方式等内容进行规定。

农村地区在结合自身实际需求的基础上，建立相应的各层级垃圾分类管理制度，有利于明确各主体责任、规范垃圾分类各环节操作。其中规范投放环节的操作能够促使农村居民形成正确的行为习惯，并培育良好的环保意识。

农村垃圾收运、处理设施建设和设备配置应遵循"三化四分"的原则，即以"减量化、资源化、无害化"为目标，并结合乡镇（街道）、村（屯）及所属地区的客观条件，合理落实农村垃圾"分类投放、分类收集、分类运输、分类处置"。在此基础上逐步形成农村垃圾应收尽收、应分尽分、妥善处置的垃圾分类收运处置体系，并配置相应的作业人员，以保证其稳定运营。

★ 填埋

垃圾填埋是我国大多数城市处理生活垃圾时采用的主要方法，就是将垃圾埋进坑洼地带。在对垃圾进行卫生填埋时，通常会用一个黏土衬层或合成塑料衬层把垃圾与地下水和周围的土壤隔离开来。

垃圾填埋场地的选择是卫生填埋的关键，不仅要防止污染，还要经济合理。因此，卫生填埋场应考虑地形、土壤、水文、气候、噪声、交通、方位、可开发性等因素。

垃圾填埋作为我国主要的垃圾处理方式，具有技术成熟、处理费用低、工艺简单、处理量大、处理垃圾类型多等优点。但是，被填埋的垃圾若没有经过无害化处理，会留有大量的细菌和病毒，还会产生沼气、含有重金属污染等隐患。而垃圾发酵产生的甲烷气体，不但可能引发火灾、爆炸事故，排放到大气中还会产生温室效应。垃圾产生的渗漏液，会长期污染地下水环境。

★ 堆肥

堆肥是处理生活垃圾的常用方法，垃圾或土壤中的细菌、酵母菌、真菌等微生物，在垃圾堆肥处理过程中发挥了重要的作用。经人工控制后，这些微生物会与生活垃圾中的有机质发生生物化学反应，将其分解。垃圾最终转化为腐殖质，人们可把这些腐殖质当作农田的肥料使用。适合进行堆肥处理的垃圾，通常是厨余垃圾，包括果皮、剩饭、菜叶和花草等，塑料或玻璃一类的垃圾则不能这样处理。

好氧堆肥运用的原理是通过翻堆、通风等方式让垃圾与空气尽量接触，用好氧菌来分解其中的有机质并使其稳定，产生水、二氧化碳和腐殖质等。

将生活垃圾堆肥处理，一般分为四个阶段：

● 预处理阶段。分拣出大块的垃圾以及无机物，再把垃圾混合打碎，筛分为匀质状。

● 细菌分解阶段。经过人工调节与控制，在温度、

含水量和含氧量都合适的条件下，好氧菌或厌氧菌开始迅速繁殖，并将垃圾分解，把其中的各种有机质转化为无害的肥料。

● 腐熟阶段。稳定肥质，等垃圾完全被腐熟就可以了。

● 储存阶段。将肥料贮存或使用，其他废料可以填埋。

堆肥能将无用的垃圾变成有用的腐殖质，为农田增加肥力，具有卫生条件好、无害化程度高、处理周期短、便于机械化操作等优点，国内外都广泛采用这一处理方法。

★焚烧

焚烧，是一种比较古老的垃圾处理方式，也是目前世界上主流的垃圾处理方式。通过对焚烧炉中的垃圾进行分解、燃烧、熔融等处理，垃圾会变成残渣或者熔融固体物。可焚烧的垃圾包括可燃固体废弃物、医疗垃圾、生活废品、动物尸体等。

焚烧发电厂的主要设备有焚烧炉、余热锅炉、烟气净化系统等。

经过焚烧处理后，垃圾存量大大减少，不仅节省了占地空间，还能消灭垃圾中的各种病菌和有害物质，无害化程度很高。除此之外，垃圾焚烧过程中产生的热量可以用来发电，有助于缓解资源供应紧张的问题。所以，垃圾焚烧是循环经济的重要组成部分，既有环境效益，又有能源效益，使废物得到了重新利用，继续为社会的可持续发展作贡献。目前，我国的垃圾焚烧发电厂已达400多座。

　　不过，在垃圾燃烧的过程中，会产生有害化合物"二噁英"。因此，垃圾焚烧设施必须配备烟气净化装置，以防重金属、有机污染物等有害物质再次排放到空气中，造成二次污染。

（十）垃圾分类面临的问题

★城市垃圾产生量与日俱增

随着我国城市化进程的日益推进、人们生活水平日渐提高，城市居民产出的生活垃圾也与日俱增。

巨量的生活垃圾已成为乡村发展过程中非常显著的问题。塑料制品的滥用、快递的普及、商品的过度包装、乡村房屋频繁改造产生的建筑废料、铺张浪费产生的厨余垃圾、因电子产品更新换代过快而产生的电子垃圾等，都让垃圾产生速率不断加快。

★垃圾分类未全面普及，生活垃圾妥善处理仍有难度

在我国，居民的垃圾分类意识不强，常常将各种不同类别的垃圾混杂在同一个垃圾袋中，随便丢进同一个垃圾桶里，这大大增加了垃圾处理难度，降低了垃圾处理效率。如今，我国已逐步实施垃圾分类处理政策，我们的垃圾处理效率也将得到大幅提升。

★生活垃圾可回收率低

由于我国仍未全面推行垃圾分类回收处理政策，目前，仍面临着垃圾回收种类少、垃圾资源回收率低的问题。在传统的垃圾回收方式下，只有塑料、废纸等回收价值较高的废弃材料能达到较高的回收率，而大多数垃圾因为回收价格低廉、回收率较低，甚至被胡乱丢弃。目前，在我国大多数地区，垃圾回收还只是个人行为，缺乏良好的组织性、有序性、系统性，亟待政府的提倡、引导与规范。

★垃圾处理技术水平仍待提高，垃圾处理系统亟待完善

目前，我国垃圾处理技术水平仍然较低，焚烧与填埋依旧是处理垃圾的两大主要手段，处理方式单一，新兴处理技术亟待提升。而且，虽然我国正逐步推行垃圾分类回收政策，但垃圾处理系统仍然不够完善，垃圾处理技术落后，可回收物再利用产业也较为滞后。这些问题都需要继续完善和加强，在推行垃圾分类回收政策的同时，也要将后续配套设施跟上，形成完整的垃圾处理链。

（十一）关于垃圾分类，我们的责任与义务

  垃圾分类管理工作是一项系统工程，具有长期性、复杂性和艰巨性的特点。因此，垃圾分类工作不是一蹴而就的事情，而是在于我们长期坚持不懈的努力，需要一个循序渐进的过程。我们每个人既是垃圾的制造者，又是垃圾产生后的受害者，我们理应成为垃圾分类的倡导者和践行者，逐步成为垃圾分类的志愿者，要树立垃圾分类理念，携起手来保护好我们的生态环境和人居环境。

  要做好垃圾分类，就要先了解有关垃圾分类的知识，然后按照国家颁布的相关政策法规正确地投放日常生活垃圾。这是我们的责任，也是我们的义务。

  垃圾分类的顺利开展离不开你我他，它是需要全社会团结一致、坚定信念、永不放弃、持久开展下去的利国利民的大事。我们每个人都应该积极争取做到以下几点：

  ● 牢固树立垃圾分类意识，争当模范员

  强化垃圾分类主人翁意识，树立"垃圾分类，从我做起"的观念，践行"可持续发展"的生活理念，把垃圾分类当成我们的责任。自觉在工作和生活中实行垃圾

分类，以身作则，用自己的模范行为带动身边的人，形成人人参与、个个出力的良好氛围。

● 学习掌握垃圾分类知识，争当宣传员

学习掌握垃圾分类的标准要求和操作细则、垃圾减量的经验办法和消费方式。并主动参与小区、街道开展的各项生活垃圾治理活动，积极向身边亲友宣传、讲解生活垃圾分类减量的政策和知识，让他们主动参与到日常生活垃圾分类中。

● 养成低碳环保生活习惯，争当引领员

坚持从源头减量，践行低碳节约、循环利用的生活方式。减少使用一次性用品，促进饮料纸基复合包装、玻璃瓶罐、塑料瓶罐等包装物回收再利用，严格按照生活垃圾分类的标准要求，耐心严谨地将生活垃圾分类投放。以实际行动引领周边亲友和市民参与到垃圾分类减量工作中。

● 积极维护垃圾分类成果，争当督导员

垃圾减量，非一朝一夕之功；垃圾分类，非一人一事之成，必须长期坚持，全民参与。广大市民不但要自觉从自我做起，从小事做起，从现在做起，还要热情帮助劝导他人。对乱丢乱扔、混装混运生活垃圾的现象勇于批评指正和曝光揭丑，以积极的姿态推进生活垃圾分类减量工作行稳致远。

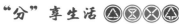
（十二）垃圾分类不分场所，从你我做起，从现在做起

做好垃圾分类应该不分场所，并不是说在自己家里做好垃圾分类就不管其他地方而肆意妄为了，应该将垃圾分类作为生活中的习惯长期贯彻。当然，最好的垃圾分类习惯是在源头减量，尽量减少产生的垃圾量。这需要所有人的共同努力，从你我做起，从现在做起。

★ 在居家生活时

家是我们就每个人的生活场所，所以也是产生生活垃圾最多的场所。根据调查显示，城市居民每人每日产生的生活垃圾为 0.8 ~ 1.2 千克，其中包含可回收物、厨余垃圾、有害垃圾和其他垃圾。所以如何在家里做好垃圾分类工作至关重要。

● 选择适当的垃圾收集设备

针对厨房、卧室、客厅、卫生间等不同区域，选择适合该区域生活垃圾产生特点的垃圾桶。例如，厨房区域产生的生活垃圾种类最多，有厨余垃圾、可回收垃圾和其他垃圾三种，此处应该放置多种分类设备。而由于厨房一般面积较小，不适合使用占地面积过大的垃圾桶，因此，可以优先选择占地面积小的多层多功能垃圾桶。

考虑到夏季厨余垃圾放置时间长容易产生异味，也可以配置密闭性较好的设备；或者动手能力强者，可自己制作密闭厨余垃圾收集设备。

家庭有害垃圾产生量较少，没有必要购置专门的垃圾收集设备。可以采用快递箱、电器箱、食品包装箱等大型纸盒自制垃圾桶。

● 使用家庭厨余垃圾处理器

生活垃圾中占比最大的是厨余垃圾，尤其是夏季，不仅产生量大，而且由于温度高容易腐败而产生异味，孳生蚊蝇，所以基本上需要一天一扔。为了避免天天扔垃圾，也为了源头减量，在厨房下水口装上家庭厨余处理器是一个很好的方法。目前，市场上的厨余垃圾处理器品牌繁多，不同品牌处理器对厨余垃圾的处理效率可能会有差异。多数处理器可方便处理蔬菜瓜果等有机质含量高的残渣，部分也可以顺利破碎小型骨头。但是一些大骨头、体积较大的蔬菜、果壳，并不适合厨房垃圾处理器，而仍然需要通过传统的垃圾分类方式进入环卫系统去解决。

有些人会觉得厨余垃圾经过家庭厨余垃圾处理器破碎进入地下管网，会不会加重后面污水处理系统的负担呢？这种情况大家不用担心，据专家介绍，国内污水的有机质含量比较低，厨余垃圾破碎增加一些有机质进入污水之后，对于整体的污水处理影响不会太明显。

● 正确投放垃圾

居民产生的生活垃圾在源头分类之后，都需要带到小区的收集站定时定点投放点。应根据不同垃圾收集设备正确投放，或者在志愿者的帮助下正确投放。

★在学校学习时

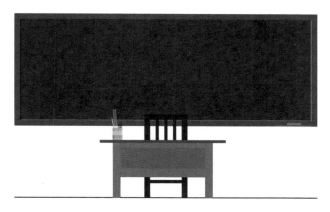

● 减少使用圆珠笔，提倡用中性笔和笔芯更换

圆珠笔作为学生常用的写字工具，种类样式繁多，使用量特别大。

一方面，因为这种笔价格便宜；另一方面，是因为使用方便，不需要吸墨水。在一些人的眼里，圆珠笔因为是不值钱的书写工具，所以不珍惜。在购买圆珠笔的时候，无论是单位还是个人，基本上都是到市场上批发，一批发就是一大包。虽然也有笔芯售卖，但是因为不同品牌圆珠笔内部构造有差异，所以很少会有人更换笔芯继续使用，写完后基本上都是直接将笔杆和笔芯一起丢掉。

圆珠笔的原材料是塑料，油墨是一种黏性油质，是用胡麻子油、合成松子油（主要含萜烯醇类物质）、矿物油（分馏石油等矿物而得到的油质）、硬胶加入油烟等调制而成的。当我们习惯于"用完就扔"的时候，这些圆珠笔也就成了危害生态的元凶之一。据中国制笔协会统计，每年全国笔类产品产销量达上百亿支，其中圆珠笔类占到 1/2 左右，那么全国每年丢掉的圆珠笔会有多少？又会造成多少不该有的污染？

中性笔内装有一种有机溶剂，其黏稠度在水性和油性之间，当书写时，墨水经过笔尖，便会由半固态转成液态墨水。中性笔墨水最大的优点是每一滴墨水均使用在笔尖上，不易挥发、漏水，因而可提供滑顺的书写感，墨水流动顺畅稳定。虽然中性笔的价格比圆珠笔稍贵，使用时间也较短，但是中性笔材料相对环保，使用完替换笔芯再用频次高，整体来看性价比较高，比圆珠笔更加环保。

● 参与学校垃圾分类宣传

我国垃圾分类工作推进缓慢的一个很重要的原因是居民没有形成垃圾分类的意识，即使有一部分人有分类意识、分类投放正确，但是因为很多人的错误投放，导致分类收运受阻。因此，对于分类意识的培养，习惯的养成非常重要。学生是祖国的未来，是未来的希望，是未来社会的主人翁。对于学生群体垃圾分类习惯的培养，需要从小时候就开展，使他们在潜移默化中养成垃圾分类的习惯。

在学校开展各类垃圾分类宣传活动时，需要贴近学生群体的生活，融入其中。如各类垃圾分类游戏，尤其是在"6·1儿童节""4·22地球日""6·5环境日"等时候。

另一种重要的宣传手段是在校园里的公共区域不设垃圾桶，每个学生要自己准备好环保垃圾袋，每天学生们自己产生的垃圾随手收集。学生们自己养成垃圾分类的习惯后，自动担当起家庭的环保监督卫士，也可以逐渐带动全家养成垃圾分类的习惯。

● 不浪费一粒粮，践行光盘行动，从源头减少厨余垃圾的产生

垃圾分类的主要目的是实施源头减量化、资源化，从而降低后端填埋场和焚烧厂的处置压力；同时，从源头进行分类，提高资源化原料的品质，减少资源化处理成本。我们知道，厨余垃圾占到生活垃圾总量的1/2左右，如果能从源头实施分类、减量，势必可提高垃圾的分类效果。而学校作为一个高素质人员集聚场所，学生做到不浪费、不攀比，吃多少打多少，吃光盘中餐，养成文明就餐的良好习惯，践行光盘行动，对从源头减少厨余垃圾意义重大。

★在单位工作时

● 做好单位垃圾正确分类

公司职员工作期间产生的主要生活垃圾有纸类、塑料类可回收物，以及少量其他各类可回收物和不可回收物等。在源头减量的前提下，产生的各类垃圾做到正确分类可以减轻保洁人员的工作压力。

目前，垃圾分类范围已覆盖全社会，很多企业会定期组织全员进行垃圾分类的培训，通过 PPT 展示的形式向全体员工贯宣垃圾分类相关知识。也有些企业动员员工兼职担任分类督导员，主要任务是每天不定时巡查所在区域垃圾分类的情况。碰到不按照要求分类的，拍照通过电子邮件发送给相关人员，以起到警示教育的作用，并对员工进行定期考核。

● A4 纸张双面打印

不管是什么工作单位，办公室一直以来都是用纸大户，即使在提倡"无纸化办公"的今天，日常工作中难免总有文件、传真等需要打印成纸质材料，而大部分都是用 A4 纸张打印。你可别小看了这普通到不起眼的 A4 纸，认真算起来也是一笔很大的账目。

从费用角度看，假设一个单位有 10 个部门，按平均每个部门每年使用 100 包 A4 纸计算，一包 500 张，总共 500000 张，以一张纸 4 分钱计算，一年就要花费 20000 元。这还是采用双面打印方式的用纸情况，如果采用单面打印的话，费用就要加倍。那么把全国所有地市加起来又有多少个单位，多少个部门？当所有的小账都乘以千万、乘以数亿的数字时，小账就成了足以影响我们国家经济社会发展的大账。这么细细一算，这笔账真是让人目瞪口呆。

从环保角度看，一张 A4 纸约重 0.003 千克；我国每人丢弃一张 A4 纸就是约 4666667 千克。而平均 1 棵树可生产纸 59 千克；也就是说大约需要砍伐 79096 棵树。79096 棵树已然是一片茂密的森林了。所以单面打印的不良习惯不仅是浪费资金，更是对资源的浪费。

● 快递包装分类投放

随着快递行业的发展，现在市面上的快递包装基本上分为箱盒式包装和袋式包装，其中，袋式包装又分为灰色快递袋和白色气泡膜快递袋。快递包装中常用的透明胶带、塑料袋等材料，含有塑化剂、阻燃剂等有害物质，焚烧时会产生二噁英，严重危害人体健康，造成环境污染；快递盒子里的气泡袋、气泡膜多数由聚乙烯制成，是"白色污染"的主要来源，很难降解；封箱用的胶带，主要材料是聚氯乙烯（PVC），如果埋在土里，100年也降解不了，会对环境造成不可逆转的损害。

作为快递包装产生源之一，许多单位快递产生量也是很大的。因此，结合政府出台的相关政策，一些单位也先行强制实施了生活垃圾分类，针对快递包装这类较大体积的可回收物，单位应设置投放回收点，便于投放。对于快递纸箱，投放时应撕去在其周围贴上的胶带和面单后，再折好投入可回收物桶/框内；快递包装袋、气泡袋、气泡膜、气泡枕等快递填充物则应投入干垃圾桶内。

● 果皮茶渣咖啡渣，统统丢进湿垃圾桶

除设有餐厅或从事食品相关行业的单位外，一般情况下，单位每天产生的厨余垃圾（或湿垃圾）的量相对较少，主要种类包括果皮、茶渣、咖啡渣、快餐盒内剩余物等。单位需要在特定的地点设置集中收集容器，同时，有条件的单位可以配置小型的有机垃圾堆肥桶，就地对集中收集的厨余垃圾（或湿垃圾）进行处理，也可以将

单位产生的绿植废叶投入其中进行混合堆肥，堆制成的有机肥可用于单位室内、室外的绿植进行施肥。

★ **在公共出行时**

● 减少使用酒店宾馆一次性用品

住过酒店的话，大家都会被酒店种类繁多的一次性用品惊呆。长期以来，酒店的一次性用品每年都会造成巨大的浪费。有数据统计，2018 年，全国 44 万家酒店丢弃的香皂超过 40 万吨，如果每吨香皂按照 2 万元来计算，这就是 80 亿元的浪费。

● 减少使用一次性餐具

不使用一次性餐具最主要的意义有两条：①节约资源，特别是一次性筷子，会消耗大量的木材，木材来自森林，不使用一次性筷子就能减少砍伐，维护森林资源。②减少环境污染，主要是一次性餐盒及其他一次性包装袋，基本上都是塑料制品，从源头到使用完毕，加工、丢弃等都会污染环境。因此不提倡使用一次性餐具。

★ **在户外游玩时**

● 减少塑料瓶装水，提倡自带白开水

（1）用量惊人的塑料瓶：

当今，塑料瓶已经无处不在，塑料瓶既带来了经济机遇，也带来了环境挑战。尤其是中国的大城市，都缺乏有效的回收机制，而是依靠非正式的垃圾回收渠道。

（2）塑料瓶装水质量堪忧：

塑料微粒可能本身毒性很小或没有毒性，但由于颗粒小、有疏水性等特点，是持久性有机污染物等有毒有害化学物质的载体。其表面除吸附有机污染物外，还会吸附金属元素、纳米颗粒等。

（3）海洋塑料污染：

在全球，PET 塑料瓶及瓶盖是被冲上海滩最常见的物品。每分钟都有相当于一卡车的塑料垃圾被倒入海洋，而每一秒钟就有 3400 个可口可乐塑料瓶被丢掉。这种污染不仅影响美观，同时，也对海洋环境造成了严重破坏。

生活中使用的品类繁多的塑料制品，由于没有得到有效回收利用而进入海洋，除经常见到的塑料瓶之外，还有其他各式各样的塑料制品。有一些塑料制品进入海洋之后，由于其形状各异，会直接成为谋害海洋生物的"凶器"。

由于塑料难以降解，在海浪的冲击下破碎成微塑料颗粒。据研究，我们今天的海洋中有 5 万亿个塑料碎片，连接起来足以围绕地球超过 400 周。部分微塑料由于形状像微生物，海洋鱼类和鸟类很难识别而作为食物误食，最终因难以消化而死亡。这些塑料垃圾造成每年数十万海洋动物的死亡，还会以微塑料、塑料碎片等形式出现在食物链中，进入饮水中或餐桌上，影响人类健康。

● 自带垃圾收集袋

运用垃圾袋对室内来说洁净清洁，因为垃圾桶若不套上垃圾袋，时间长了会产生很厚的污垢。

而且上班或者出门的时候顺手带着直接丢掉就可以。特别是对于楼层高的住户，通常废物回收桶都在楼下，出门办事时直接带下去就可以，省下了来回爬楼梯的时间。

垃圾的分类

　　根据村民的可接受程度和农村实际来区分农村生活垃圾，农村垃圾主要是农村日常生活和生产过程中产生的垃圾。具体来看，主要包含农村生活垃圾、农作物秸秆、农药包装容器、过期药品、农用塑料制品、禽畜养殖场粪便等农业生产垃圾。不包括工业企业集中产生的工业废物。

（一）农村生活垃圾（常见垃圾）

在农村日常生活中或为农村日常生活提供服务的活动中产生的固体废物，以及法律、行政法规规定视为生活垃圾的固体废物。农村生活垃圾包括农村地区的厨余垃圾、可回收物、有害垃圾和其他垃圾。

★厨余垃圾（易腐垃圾／可烂垃圾）

▲ 厨余垃圾的定义

厨余垃圾指居民在日常生活及食品加工、饮食服务、单位供餐等活动中产生的易腐的、含有机质的生活垃圾，包括丢弃不用的菜叶、剩菜、剩饭、果皮、蛋壳、茶渣、骨头等。其主要来源为家庭厨房、餐厅、饭店、食堂、市场及其他食品加工企业。

▲ 厨余垃圾的主要类型

家庭、相关单位食堂、宾馆、饭店等产生的厨余垃圾；农贸市场、农产品批发市场产生的蔬菜瓜果垃圾、腐肉、肉碎骨、蛋壳、畜禽内脏等。

① 蔬菜瓜果：菜根、菜叶、果皮等。

⚠ 注意!
硬果壳（如椰子壳、榴梿壳等）不属于厨余垃圾。

② 残枝落叶：鲜花、废弃植物等。

③ 畜禽内脏、腐肉。

④ 肉碎骨。　　　　　　⑤ 蛋壳。

> ⚠ 注意！
> 硬贝壳（如扇贝壳）不属于厨余垃圾。

⑥ 调味品：盐、糖、味精等。

⑦其他有机垃圾：农作物秸秆、枯枝烂叶、谷壳、笋壳和庭园饲养动物的粪便等可生物降解的有机垃圾。

⚠ 注意！
将厨余垃圾单独分类，其中的有机物易腐烂，经过堆肥处理后可生产出腐殖质土壤，施在农田里有利于提高土地肥力，减少化肥的用量。而厨余垃圾本身含水量较高，被分离后可提高其他垃圾的焚烧热值，从而降低垃圾焚烧二次污染的控制难度。

★家庭厨余垃圾分类

在家庭生活中，厨房垃圾占据着重要的比重。大部分的人都将厨房垃圾默认为是厨余垃圾。但是，真的如此吗？

不是所有厨房垃圾都叫厨余垃圾！

厨余垃圾	√ 即含有极高水分与有机物，易腐坏、产生恶臭的垃圾 √ 包含家庭厨余垃圾、餐厨垃圾、其他厨余垃圾等
家庭厨余垃圾	√ 即日常家庭生活中产生的易腐性垃圾 √ 包含菜梗菜叶、瓜皮果壳、剩饭剩菜、废弃食物等
餐厨垃圾	√ 速成泔水，是居民生活消费过程中产生的易腐性垃圾 √ 主要包括米面食物残余、蔬菜、动植物油等

由于家庭厨余垃圾中含有极高的水分与有机物，易腐坏，并造成细菌滋生，难处理。因此家庭厨余垃圾分类投放至关重要。

然而，在投放的过程中，有些家庭厨余垃圾却身披"马甲"，常常被混淆。

物品	可回收物	其他垃圾
塑料 / 纸质包装盒	√	
保鲜膜		√
家禽羽毛		√
大棒骨		√
坚硬的海鲜壳（如贝壳）		√
坚硬的果壳（如椰子壳）		√
烹饪用具	√	
洗涤用品（如抹布）		√
钢丝球	√	
厨房纸		√
碎碗碟		√
牙签		√

★厨余垃圾投放注意事项

◇ 厨余垃圾含有水分和有机质，因此，在投放时需沥干水分，并去除包装物，投放至家庭厨余垃圾容器。同时，在投放时应去除垃圾袋（垃圾袋应投放至其他垃圾收集容器内）。

◇ 食品包装袋 / 包装盒，需要清洁干燥后再进行投放。如牛奶盒应清空内容物，清洁后再压扁投放。

◇ 边角尖锐的烹饪用具，需包裹后再投放。

★ 可回收物（可卖废物）

▲ 可回收物的定义

可回收物指适宜回收利用的生活垃圾。材质为可再利用的纸、玻璃、塑料、金属等，报纸、杂志、广告单及其他干净的纸类皆可回收。

▲ 可回收物的主要类型

可回收物主要分为纸类、塑料、金属、玻璃、织物等。

"分"享生活 △▽✕△
—— 垃圾分类新时尚

① 纸类。

未被严重沾污的印刷用纸、包装用纸和其他纸制品等。

② 塑料。

废塑料容器、包装塑料等塑料制品。

③ 金属。

各种类别的废金属物品。

④ 玻璃。

有色和无色废玻璃制品。

⑤ 织物。

旧纺织衣物和纺织制品。

⚠ 注意！
将可回收物单独分类，能让更多可循环利用的垃圾重新发挥价值，从而大大节约原材料和能源的使用。

★ 有害垃圾

▲ 有害垃圾的定义

有害垃圾指对人体健康和自然环境造成直接或潜在危害的生活废弃物。居民生活垃圾中的有害垃圾包括电池类、含汞类、废药品类、废油漆类、废农药类等。

▲ 有害垃圾的主要类型

有害垃圾主要分为灯管、家用化学品、电池，具体包括废电池，废荧光灯管，废温度计，废血压计，废药品及其包装物，废油漆、溶剂及其包装物，废杀虫剂、消毒剂及其包装物，废胶片及废相纸等。

① 废电池（镉镍电池、氧化汞电池、铅蓄电池等）。

我们日常生活中所用的普通干电池中含有汞、锰、镉、铅、锌、镍等各种金属物质。废旧电池被丢弃后，其外

壳会被慢慢腐蚀，其中的重金属物质会逐渐渗入土壤和水体，对环境造成污染。一旦人体摄入这些污染物，其中遗留的重金属元素就会在人体内沉积，对我们的健康造成极大威胁。

②废荧光灯管（日光灯管、节能灯等）。

现行工艺制作的节能灯中，大都含有化学元素汞。一只普通节能灯约含 0.5 毫克汞，如果有 1 毫克汞渗入地下，就会污染 360 吨水。汞也会以蒸气的形式进入大气，一旦空气中的汞含量超标，就会对人体造成危害，而长期接触过量的汞也会中毒。

③ 废温度计。

一支水银体温计含汞约 1 克。如果温度计中的汞在一间 15 平方米、3 米高的房间里全部外泄蒸发，可使空气中的汞浓度达到 22.2 毫克每立方米。我国规定，汞在室内空气中的最高浓度不得超过 0.01 毫克每立方米。如果置于汞浓度为 1.2 ～ 8.5 毫克每立方米的环境中，人很快就会中毒。

④ 废血压计。

废血压计和废温度计一样，都含有汞元素。普通人在汞浓度为 1 ～ 3 毫克每立方米的房间里两个小时内，就可能出现头痛、发烧、腹部绞痛、呼吸困难等症状。中毒者的呼吸道和组织很可能受到损伤，甚至会因呼吸衰竭而死亡。

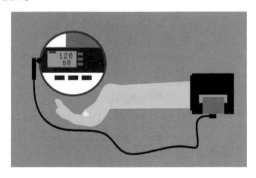

⑤ 废药品及其包装物。

大多数药品过期后容易分解、蒸发，散发有毒气体，造成室内环境污染，严重时还会对人体呼吸道产生危害。过期药品如果处理不当，会污染空气、土壤和水源。我们常说的水体抗生素超标、更多耐药菌的出现也与过期药品的不正确处理有关。而其包装物大多为塑料或纸制品，也会对环境造成污染，因此同样需要妥善处理。

⑥ 废油漆、溶剂及其包装物。

废油漆中含有有机溶剂，具有较明显的毒性。它挥发性高，易被人体吸入，可引起头痛、过敏等症状，严重时可致人昏迷，甚至有可能致癌。此外，较为常见的油漆中所含的铅也对人体具有较大危害。

⑦ 废杀虫剂、消毒剂及其包装物。

任何杀虫剂都具有一定的毒性，目前，国际上广泛使用的是拟除虫菊酯类的卫生杀虫剂，长期接触会引发

头晕、头痛等症状。消毒液在蒸发后会产生较多的有害物质，这些物质在水蒸气的作用下会产生更强的有害性，对人体造成危害。所以，废杀虫剂、消毒剂如果处理不当、不慎泄漏，蒸发到空气中，就会对人体产生较大的危害。

⑧ 废胶片及废相纸。

废胶片及废相纸属于感光材料废物，这些废物若处置不当，不仅会严重污染水体和土壤，被人体摄入后，还有致癌的危险。

⚠ 注意！
将有害垃圾单独分类，可以降低垃圾中重金属、有机污染物的含量，便于垃圾进行无害化处理，减少垃圾对水、土壤、大气的污染。

★其他垃圾

▲ 其他垃圾的定义

其他垃圾指危害较小，但也无再利用价值的垃圾，是除可回收物、厨余垃圾、有害垃圾之外的垃圾。

▲ 其他垃圾的主要类型

其他垃圾指砖瓦、陶瓷、渣土、卫生间废纸、瓷器碎片等难以回收的废弃物。总的来说，不属于可回收物、厨余垃圾、有害垃圾的废弃物，都是其他垃圾。

（二）农村生产垃圾（新兴垃圾）

★大件垃圾

大件垃圾是指重量超过 5 千克或体积超过 0.2 立方米或长度超过 1 米，且整体性强的废弃物（如废旧家具及其他大件废物等）。大件垃圾主要包括床架、床垫、沙发、桌子、椅子、衣柜、书柜等具有坐卧以及贮藏、间隔等功能的废旧生活和办公器具，包括制作家具的材料等。其他大件废物包括厨房用具、卫生用具以及用陶瓷、玻璃、金属、橡胶、皮革、装饰板等不同材料制成的各种大件物品以及水体漂浮大件物品等。

★ 园林垃圾

园林垃圾指园林植物在生长过程中自然凋谢或在人工绿化养护过程中产生的树叶、草屑、落花、树枝等植物残体。园林垃圾的组成主要包括两大类,一类是植物的碎屑,包括落叶、修剪下来的草屑、叶片;另一类是较大型的枝条,包括枯枝以及修剪下来的树枝。园林垃圾数量多、体积大,较难运输,其中含有大量木质素、纤维素等难以被生物降解的物质和其他一些有机物质。

★装修垃圾

装修垃圾指对新建、老旧建筑的墙体、天花板、地板等进行改造和装饰过程中产生的废弃物。装修垃圾主要包括废弃砖块、废弃混凝土和砂浆、废木材、废五金，以及玻璃、包装纸、塑料等废弃物。装修垃圾不仅成分复杂，而且其中还含有许多有毒有害物质。与建筑工地等场合的建筑垃圾相比，装修垃圾虽然数量很少、性状相似，但产生源却截然不同，因而带来收集、运输及处理各环节的一系列困难与问题。

（三）垃圾分类冷知识

● 圆珠笔属于有害垃圾吗？

像圆珠笔、钢笔这样的小物件，因构成材料混杂，难以分类，在投放时要作为"其他垃圾"投放。

● 废弃花草属于其他垃圾吗？

废弃花草归类为残枝落叶，属于"易腐垃圾"。

● 碎裂的陶瓷碗碟属于可回收物吗？

碎裂的陶瓷碗碟虽然在理论上可以回收制成新的陶瓷，但因成本过高，没有太大回收价值，所以一般将其归类为"其他垃圾"。

● 暖宝宝是什么垃圾？

因为暖宝宝的原料组成是非常环保的，所以暖宝宝用完后怎么处理都不会对自然环境造成太大的影响，应属于"其他垃圾"。

● 热水袋属于什么垃圾？

老式热水袋是橡胶制品，属于可回收物。形式多样的电暖宝，也属于可回收物。

● 废弃墙纸属于什么垃圾？

墙纸又称壁纸，是一种用于裱糊墙面的室内装修材料，材质不局限于纸，还包含其他材料，如云母片、木纤维、无纺布等。大多数印刷墙纸的油墨在回收时是难以处理的，而且废旧壁纸往往沾染了大量的灰尘或其他污染物，无法回收利用。那么壁纸属于什么垃圾呢？

壁纸不需要经过特殊处理，可以和生活垃圾一起焚烧处理，因此不属于"建筑垃圾"，而是"其他垃圾"。

● 废旧手电筒属于什么垃圾？

手电筒是我们生活中常见的照明工具。大部分的手电筒是由外壳、电池、灯泡和聚焦反射镜组成。这些材料都是有使用寿命的，当使用寿命到了自然就会报废。那废旧的手电筒属于什么垃圾呢？

废旧手电筒属于可回收物，因为废旧的手电筒是由不锈钢、铜或塑料等材料制成。以上材料都属于可回收物，所以废旧的手电筒记得丢到蓝色可回收物容器内。还要注意的是，手电筒电池要单独投放，一次性碱性电池属于"其他垃圾"、充电电池属于"有害垃圾"。

● X 光片属于哪类垃圾？

X 光片属于"有害垃圾"。胶片显影技术使用的材料，包括相机底片在内的感光胶片都属于有害垃圾。因此 X 光片要投进红色有害垃圾容器内。

有害垃圾是指生活垃圾中会对人体健康或自然环境造成直接或者潜在危害的垃圾。包括废充电电池、废纽扣电池、废灯管、弃置药品、废杀虫剂(容器)、废油漆(容器)、废日用化学品、废水银产品等。

垃圾的循环利用

可根据村民的可接受程度和农村实际来设置废旧物品回收站点，用于向居民有偿收集废旧物品并对可回收物进行分类。农村居民用可回收物兑换积分、奖品等，回收站点将收缴的物品定期向资源回收等机构交售。

（一）纸类垃圾变废为宝

可回收

报纸

杂志

地图

信封

纸箱

不可回收

狗粮袋

食品包装

★将报纸及办公室用纸变成护根层

将报纸撕碎并层层放在植物周围。这有助于防止杂草生长并能保持土壤潮湿。随着报纸的降解，报纸中的纤维有机物会慢慢将养分释放到土壤中，在提升土壤肥力的同时，还可以增强土壤的透气性，改善土壤结构。

> ⚠ 注意!
> 瓦楞纸箱很有用，
> 不要用有光泽或有色的纸。

★在堆肥中加入报纸

报纸主要是植物纤维，绝大部分都是有机质，可用来堆肥。一般剪碎了直接掺入厨余垃圾中一起放入堆肥箱中堆肥即可。也可以用报纸混合土壤养殖蚯蚓堆肥，蚯蚓会排出粪土，这些粪土肥效高，肥力均衡，几乎所有花卉都可以使用。

★可防止液体溅出

当汽车美容或油漆家具时，用旧报纸可防止液体溅出。用旧报纸来保护工艺品。

★做个笔记本

收集一堆用过的单面打印纸，将它们反过来并用订书机钉起来，这样就可以实现充分使用了。

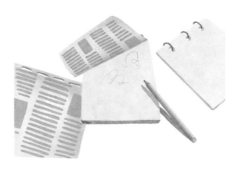

★制作猫窝褥草

碎的报纸可变成有用的猫窝褥草。

用碎纸机撕碎报纸，放入温水中，加入一些生物所能分解的洗洁精，倒出水并将碎纸再用水泡一次。在报纸上撒些泡打粉并混合，将水挤出，压成平面晾晒干。

★包装礼物

用旧报纸包礼物。用周日漫画版最好，因为其有很多颜色。

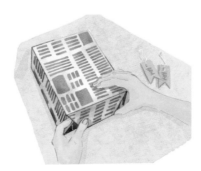

★包装包裹

用旧报纸包装包裹。包装易碎物品时要用多层纸并用软填料塞满空隙，让包装物不相互碰撞，这样可以保护易碎品的完整。

★做成书套

可用纸袋为精装书做喜欢的书套。

（二）塑料类垃圾变废为宝

★做成简易花瓶

先将塑料瓶剪掉瓶口，保留瓶身，然后在瓶底戳出小洞，塑料瓶可以用来制作成简易的花瓶。

★做成肥皂盒

首先，将肥皂放在塑料瓶上测量一下宽度，并且做上记号，沿记号线剪下合适大小的圆筒。接着将剪下来的圆筒，再对半剪一次。准备两个瓶盖，并在瓶盖上贴上双面胶或涂一些热熔胶。再将剪好的塑料瓶一端粘在两个瓶盖上面即可。

★ 做成喷水壶

将塑料瓶或塑料罐戳出许多个小洞，就可以当作简易的喷水壶使用。

★ 放置卫生纸

★放置筷子、刀叉、勺子等

★做成收纳桶

★自制礼盒

★ 自制钥匙扣

只需要一个塑料瓶或塑料盒、画笔、钥匙扣，先将塑料瓶剪成自己想要的图形，再用画笔进行修饰处理，最后打孔穿上钥匙扣即可，非常简单。

★ 自制存钱罐

（三）金属类垃圾变废为宝

★ 装修时剩下的金属

可做成置物架

★ 铝线手工制作收纳筐

★ 废弃晾衣架制作花篮

★废旧锅制作大果盘

★金属桶、铁桶制作花盆

★废弃罐子的金属盖制作烛台

★金属丝制作精美相片夹

★旧弹簧制作简洁台灯

（四）玻璃类垃圾变废为宝

★养鱼

★种花

★腌制咸菜

★做调料瓶

★当茶杯

★做笔筒

★当花瓶

（五）农业废弃类垃圾变废为宝

★果蔬尾菜利用——蔬菜尾菜沤肥技术操作规程

▲ 场地选择：选择向阳、地势较高、运输方便、平坦的空地或田间地里。

▲ 尾菜处理：将蔬菜尾菜剁（铡）碎，长度约为 10 厘米的段，并捡净其中不能腐解的有机、无机杂质。

▲ 沤肥坑制作：在所选的沤肥场地上，就地开挖沤肥池。一般挖长 2 ~ 3 米、宽 1.5 ~ 2 米、深 1.0 ~ 1.5 米的方土坑，或挖深 1 米左右、长宽可根据尾菜量的多少决定的土坑，铺上塑料棚膜制成简易沤肥坑。

▲ 沤制过程：在所挖的沤肥池中，池底垫入 30 厘米厚的干土（含水量为 10% ~ 20%，粒径小于 0.5 厘米）。将蔬菜尾菜填入 50 厘米摊平，每立方米撒入碳酸氢铵 4 ~ 6 千克、普通过磷酸钙 4 ~ 6 千克，加 10 厘米干土，均匀覆盖，踏实。重复以上过程直至高于沤肥池 40 ~ 60 厘米为止。

▲ 表面处理：在沤肥坑上的尾菜上覆 5 ~ 10 厘米厚的干土，踏实，尤其要踏实边缘，然后用塑料膜密封发酵。

　　沤肥是一种厌氧发酵处理。整个腐熟期为45～75天，才能达到腐熟。腐熟的沤肥有害生物被杀灭，是一种有机质较高的偏酸性有机肥，对改良碱性土壤有良好作用。

　　▲ 腐熟判断：沤肥池中间的沤肥颜色呈黑褐色或黑色，有臭味，无原料形态特征，则沤肥成功。

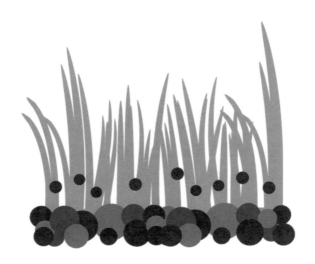

★中药渣利用

中药渣可以用来养花、养草，中药渣营养丰富，内含丰富的有机物与无机物，用来当肥料养些花草有助于植物茁壮成长。部分中药渣也可以用来泡脚，中药水泡脚有助于促进身体血液循环，而药物的有效成分又可以通过脚部的毛孔进入身体，对人体有一定的好处。

中药渣也可以用来热敷，将中药渣煎煮几分钟后加入白酒、白醋，利用纱布将药渣包好热敷肌肉，有助于舒筋活络，缓解肌肉疼痛，肿胀不适等症状。中药渣也可以用来做药枕，如果平时有失眠、多梦等睡眠不佳的状况，可以使用中药渣做成药枕来改善睡眠质量。中药渣还可以防虫驱蚊，中草药一般会散发出一股特殊的草药味道，因此把药渣铺在阳台上能有效抵御蚊虫。

但是，由于每个人的体质不同，所以药渣也是不能乱用的，如果出现过敏情况应立即停止使用。

★秸秆资源利用——"五料化"：肥料化、
饲料化、燃料化、原料化、基料化

秸秆五化利用技术是指秸秆肥料化、饲料化、燃料化、
原料化和基料化。

● 肥料化

秸秆肥料化利用主要以秸秆还田为主，还包括秸秆
生物反应堆技术、加工成有机肥等。秸秆还田又包括秸
秆直接还田、快速腐熟还田和堆沤还田等。

① 秸秆直接还田。

秸秆直接还田技术以秸秆粉碎、旋耕、耙压等机械
作业为主，将粉碎成 5～10 厘米的秸秆直接混埋入表层
和浅层土壤中。

快速腐熟还田是在农作物收获后，及时将作物秸秆
均匀平铺在农田上，撒施腐熟剂，调节碳氮比，加快还
田秸秆腐熟下沉，以利于下茬农作物的播种和定植，实
现秸秆还田利用。

秸秆堆沤还田是秸秆无害化处理和肥料化利用的重
要途径，将秸秆与人畜粪尿等有机物质经过堆沤腐熟，
不仅能产生大量可构成土壤肥力的重要活性物质——腐
殖质，而且可产生多种可供农作物吸收利用的营养物质，
如有效态氮、磷、钾等。

秸秆还田是一项培肥地力的增产措施，既能杜绝秸秆焚烧所造成的大气污染，同时还有增肥增产作用。秸秆还田能增加土壤有机质，改良土壤结构，使土壤疏松，孔隙度增加，容量减轻，促进微生物活力和作物根系的发育。秸秆还田增肥增产作用显著，一般可增产5%～10%。

②秸秆生物反应堆技术。

秸秆生物反应堆技术是一项充分利用秸秆资源，显著改善农产品品质和提高农产品产量的现代农业生物工程技术。其原理是秸秆通过加入微生物菌种，在好氧的条件下，秸秆被分解为二氧化碳、有机质、矿物质等，并产生一定的热量。二氧化碳促进作物的光合作用，有机质和矿物质为作物提供养分，产生的热量有利于提高温度。

秸秆生物反应堆技术按照利用方式可分为内置式和外置式两种，内置式主要是开沟将秸秆埋入土壤中，适用于大棚种植和露地种植；外置式主要是把反应堆建于地表，适用于大棚种植。每亩（亩为非法定单位，1亩≈666.67平方米，全书特此说明）大棚可消耗秸秆5吨左右。

③秸秆有机肥生产技术。

秸秆有机肥生产技术就是利用速腐剂中的菌种制剂和各种酶类在一定湿度（秸秆持水量65%）和一定温度

下（50～70℃）剧烈活动，释放能量。一方面，将秸秆的纤维素快速分解；另一方面，形成大量菌体蛋白，让植物直接吸收或转化为腐殖质。通过创造微生物正常繁殖的良好环境条件，促进微生物代谢进程，加速有机物的分解，放出并聚集热量，提高物料温度，杀灭病原菌和寄生虫卵，获得优质的有机肥料。

● 饲料化

秸秆饲料化利用的主要方式有直接饲喂、青贮、微贮、揉搓压块等。很多大型养殖企业，特别是养牛、养羊企业都会建立青贮池，到秋收季节收储玉米秸秆进行青贮。

青贮饲料以其气味芳香、柔软多汁、适口性好等特点，成为牛、羊等草食家畜优质粗饲料之一。并可收到提高采食量、增加产奶量、改善膘情的较好效果。9—10月，是玉米秸秆青贮的黄金时期。

玉米青贮饲料是将含水率为65％～75％的玉米秸秆切碎后，在密闭缺氧的条件下，通过乳酸菌的发酵作用，而得到的一种优质粗饲料。青贮后的玉米秸秆，不仅能有效地保存原玉米秸秆的营养成分，还能有效地杀死秸秆中的病菌、虫卵，破坏杂草种子的萌发能力，减少其对家畜及下茬农作物的危害。青贮饲料制作技术简单、易保管、成本低，四季皆可使用，适宜于大范围推广应用。

青贮设施有青贮池、青贮塔、青贮袋等，目前以青贮池最为常用。

● 燃料化

燃料化利用是秸秆综合利用的重要途径和方式。

① 秸秆发电。秸秆发电是指通过锅炉将秸秆直接燃烧或与煤混合燃烧，产生高温、高压蒸汽推动蒸汽轮机做功进行发电。秸秆发电主要有直接燃烧发电、秸秆 - 煤混合燃烧发电和秸秆气化发电三种方式。

② 秸秆沼气。秸秆沼气技术是秸秆在厌氧条件下经微生物发酵而产生沼气的过程。可使用稻草、麦秆、玉米秆等多种秸秆，或者秸秆与农村生活垃圾、果蔬废物、粪便等混合发酵，原料组合非常灵活，来源充足。

③ 秸秆气化。秸秆气化是通过生物质技术将松散的秸秆变成清洁方便的燃料，变废为宝，既保护了环境，又满足了农民对高品位燃料的需求。秸秆气化不仅是秸秆利用的一条好出路，而且解决了农村可再生生物质资源和燃料短缺，其社会、经济、资源和环境等综合效益十分显著。

④ 秸秆固化。主要是通过专用设备将粉碎后的农作物秸秆，在一定压力条件下，通过秸秆的塑性变形和自身的木质素软化而被压缩成型。

⑤ 秸秆炭化。秸秆炭化是将农作物秸秆、锯末、糠渣、生活垃圾等在不添加任何黏合剂的条件下，采用生物化学技术煤化、调质后高温高压制成的黑色方块燃料，这种生物质颗粒可作为一般燃料使用，含硫低、火力旺，被誉为"绿煤"。广泛应用于家用取暖炉、供暖锅炉、工业锅炉及秸秆发电等。

● 原料化

秸秆原料化可用于建材、化工、草编、造纸等行业。

秸秆可制成各种各样的低密度纤维板材；经加压和化学处理，可用于制作装饰板材和一次成型家具，具有强度高、耐腐蚀、防火阻燃、美观大方及价格低廉等特点。秸秆板材的开发，对于缓解国内木材供应数量不足和供求趋紧的矛盾、节约森林资源、发展人造板产业具有十分重要的意义。尤其是麦秆的主要化学组分与阔叶木材十分类似，是木材的良好可替代原材料，可用来造纸。秸秆还可用来生产一次性卫生筷、快餐盒，使用后可自然生物降解，无毒无害不产生任何环境污染；还可以用来制作复合彩瓦，生产的秸秆复合彩瓦价格低廉，同时，其生产不受地域、气候、季节、环境的影响；秸秆还可以用来编织各式各样的编织品，如草帘、草包、草毡，可用作保温材料和防汛器材，还可用于编织草帽、草垫、秸秆花辫、精密席面等工艺品和日用品。此外，秸秆还可以作为生产纤维素的优质工业原料。

● 基料化

秸秆富含食用菌所必需的糖分、蛋白质、氨基酸、矿物质、维生素等营养物质，以秸秆为原料生产食用菌，不仅能提高食用菌的产量、品质，还可充分利用我国丰富而成本低廉的秸秆资源，而且其培养基使用后还可用作优质的有机肥还田。一般秸秆粉碎后可占食用菌栽培料的75%～85%。秸秆袋料栽培食用菌，是目前利用秸秆生产平菇、香菇、金针菇、鸡腿菇等的常用方法，投资少、见效快，深受种植户欢迎。此外，秸秆还可作育苗基料、花木基料、草坪基料等。

★畜禽粪污利用

● 粪污全量还田

对养殖场产生的畜禽污染物（粪便、粪水和污水）进行集中收集，全部进入氧化塘储存发酵。氧化塘分为敞开式好氧发酵和覆膜式厌氧发酵两类，粪污在氧化塘中经过一段时间的发酵之后进行储存，在施肥季节进行农田利用。敞开式好氧发酵由于空气污染指数过高，现在已经不推广使用。

这种畜禽粪污处理方式的优势在于粪污收集、处理、储存设施成本低，畜禽粪污中的有机物得以全量收集，养分利用率高。但是粪污储存周期一般要达到半年以上，占地面积大，需要大量土地建设氧化塘及储存设施，并且需要配套专业化的施肥机械、农田施用管网、搅拌设备等辅助设施；另外，对于远距离运输的养殖场，粪污运输费用高，会污染道路，所以这种方法只能在一定范围内使用。

● 粪便堆肥

以养殖场的固体粪便为主，经过高温好氧堆肥无害化处理后，进行农田利用或生产有机肥。需配套固液分离机对畜禽粪污进行初步加工，长时间高温好氧发酵后，畜禽粪污生成相对干燥的有机肥，养殖场可以进行有机肥销售或还田利用。这种处理方法包括条垛式、槽式、筒仓式、高（低）架发酵床、异位发酵床等。

这种畜禽粪污处理方式的优势在于好氧发酵温度高，粪便无害化处理较彻底，发酵周期短，发酵过程中不产生臭气，堆肥处理提高粪便的附加值。但是同样需要基础建设及固定场地进行发酵，这种方法多用于牛粪、鸡粪、羊粪等污水产量较少的养殖场，对于水泡粪等污水产量大的养殖场则需要另外建设污水处理系统。

● 粪水肥料化

这种方式通常和粪污全量还田方式搭配使用，养殖场产生的粪水经氧化塘处理储存后，在农田需肥和灌溉期间，将无害化处理的粪水与灌溉用水按照一定比例混合，进行水肥一体化施用。

这种畜禽粪污处理方式的优势在于粪水进行氧化塘无害化处理后，可以为农田提供有机肥水资源，解决粪水处理压力。但是无论是在发酵阶段的氧化塘发酵储存阶段还是在水肥一体化施用阶段，都需要大量的土地作为配套支撑，并且需配套建设粪水输送管网或购置粪水运输车辆。对于采用这种方式的养殖场，远距离的粪水运输，无论是从上路运输还是高额的运输费用，都成了新的问题。

● 粪污能源化

对畜禽粪污进行收集，建设大型沼气工程，进行厌氧发酵，最终产生沼渣、沼液、沼气。利用沼气发电或提纯生物天然气，沼渣生产有机肥供农田利用，沼液可农田利用或深度处理达标排放。

这种处理方式主要以专业生产可再生能源为主要目的，依托专门的畜禽粪污处理企业，收集周边养殖场的粪便和粪水，对养殖场的粪便和粪水集中统一处理，减少小型养殖场粪污处理设施的投资；专业化运作，能源化利用效率高。但是这种方法一次性投入成本较高，能源产品利用难度大；沼液产生量大集中，处理成本较高，需配套后续处理利用工艺。目前多见于大型规模养殖场或养殖密集区，具备沼气发电上网或生物天然气进入管网条件，需要地方政府配套政策予以保障。

● 粪便基质化

这种处理方式主要以畜禽粪污、蘑菇菌渣及农作物秸秆等有机物作为原料，进行堆肥发酵。利用畜禽粪污、蘑菇菌渣、农作物秸秆三者结合，生产基质盘或基质土应用于栽培水果蔬菜等经济作物。实现农业生产链零废

弃、零污染的生态循环生产，形成一个有机循环的农业综合经济体系，提高资源综合利用率。

这种畜禽粪污处理方式生产链较长，精细化技术程度高，要求生产者的整体素质高，培训期实习期较长，对于生态农业企业及生态农场更为适用。

● 粪便垫料化

这种处理方式可以说是奶牛场的专属，基于奶牛粪便纤维素含量高、质地松软、含水量少等特点，先将奶牛粪污固液分离，然后对固体粪便进行高温好氧堆肥发酵。发酵完成的牛粪可作为牛床垫料使用，污水贮存后也可以作为肥料进行农田利用。

这种畜禽粪污处理方式用牛粪替代了传统的砂子和土作为垫料，不仅可以节省奶牛场的运营成本，更为松软舒适的牛床垫料还可以增加奶牛的卧床时间，提高奶牛的产奶量。采用这种方法一定要注意牛粪中病虫害的杀死率，作为垫料如无害化处理不彻底，则会存在一定的生物安全风险。

● 粪便饲料化

这种方法的"饲料化"并不针对畜禽粪污本身，而是将在畜禽养殖过程中的干清粪与蚯蚓、蝇蛆及黑水虻等动物蛋白进行堆肥发酵，生产有机肥用于农业种植。发酵后的蚯蚓、蝇蛆及黑水虻等动物蛋白用于制作饲料等。

这种畜禽粪污处理方式改变了传统利用微生物进行粪便处理的理念，可以实现集约化管理，成本低、资源化效率高，无二次排放及污染，实现生态养殖。但实际操作复杂，动物蛋白饲养对于养殖环境的温度、湿度、透气性等要求非常严格，不仅要防止鸟类等天敌的偷食，后期的有机肥、动物蛋白分离同样耗费精力。

● 粪便燃料化

畜禽粪便经过搅拌后脱水加工，进行挤压造粒，生产生物质燃料棒。畜禽粪便制成的生物质环保燃料，作为替代燃煤生产用燃料，成本比燃煤价格较低，减少了二氧化碳和二氧化硫排放量。但是粪便脱水干燥能耗较高，后期维护费用更为高昂。

★ 林果残枝利用

● 有机覆盖物加工

有机覆盖物加工主要工艺环节包括枝叶分离回收、粗破处理、细破处理、分筛、染色、堆积腐熟、分选装袋等。经过处理后的有机覆盖物可以在小区、公园、道路、城市裸露地等范围中广泛使用，不仅可有效改善土壤环境、吸附扬尘，还能根据需要搭配不同颜色，拼接多种造型，起到美化城市、打造景观的作用。

● 栽培基质加工

栽培基质加工主要以残枝废弃物为基本原料，添加适量的稻壳、生物炭，并加入生物菌剂，按一定的配比堆置而成，可替代土壤用于作物栽培。既提高了农业废弃物的资源化利用效率，又减少了环境污染，还可以解决我国设施蔬菜生产面临的土壤盐渍化、连作障碍、土传病虫害多发等问题。配套装备主要包括树枝粉碎机、双轴搅拌机、翻堆机、筛分计量装袋机等。

● 有机肥加工

有机肥加工采用好氧高温堆肥技术，将残枝废弃物、大田作物秸秆、蔬菜烂秧烂果等植物性废弃物粉碎，与牛粪等畜禽粪便混合后添加菌剂进行堆肥发酵，最后经筛分装袋后加工成为商品有机肥，回用于农业生产。既消纳了大量的农业废弃物，又可以减少化肥用量，提高作物品质。配套装备主要包括藤蔓切碎机、定量输送机、双轴搅拌机、物料提升机、翻堆机、筛分计量装袋机等。

● 治理雾霾、抑制扬尘

彩色有机覆盖物能够抑制扬尘和吸附多种有害物质。铺设覆盖物后能够降低地表风速，净化周围空气扬尘，固定地表土壤。数据表明，在一个测试周期内，有机覆盖物对裸露土壤周边空气中 67% 的悬浮颗粒具有吸附作用，可减少约 52% 的 PM_{10} 含量，对扬尘治理和雾霾防控具有重要意义。

● 保持土壤水分

彩色有机覆盖物覆盖在土壤表层，可以减少土壤水分蒸发，在降雨后还能吸附雨水，增加土壤持水力，从而起到保持土壤水分的作用。若将有机覆盖物铺设在城市道路景观树木根部，不仅美化了道路环境，还可显著减少树木的浇水次数。同时，有机覆盖物还可防止暴雨或浇水对植物根系的冲刷，起到明显的缓冲作用，可有效防止土壤侵蚀和水土流失。

● 调节土壤温度

研究表明，植物根系生长最宜温度为 15 ~ 20℃。土壤温度超过 35℃时，根系就会逐渐停止生长。市内树木容易受夏季高温的热岛效应影响，造成树木浅层根系灼伤，减缓树木生长甚至引发死亡。而有机覆盖物对地表土壤温度有良好的调节作用，在夏季铺设 5 ~ 10 厘米厚的有机覆盖物，可将土层温度降低 6 ~ 8℃。同时，进入寒冷的冬季，覆盖于地表的有机物还能起到一定的保温作用，可降低霜冻和冰雪对植物的危害。

　　园林废弃物的无害化处理和资源化利用事关城市良好形象，事关市民健康生活，是一场持久战、攻坚战。有机覆盖物加工技术的探索运行，补齐了园林废弃物全量化利用的拼图，不仅解决了园林废弃物的出路问题，还能美化城市环境，让市民感受到园林废弃物处理技术的好处。下一步将再接再厉，继续发展完善技术模式，加快技术推广力度，争取让市民享受到更多先进技术的发展成果。

★农膜利用——一膜多用

① 一次覆盖，多茬连种。春季作物利用地膜覆盖，夏收后保持完整，秋季继续使用，或秋季覆盖冬季再用。上茬作物收获后，要保持地膜完整。下茬作物播种时，要及时清除地膜上的污物，若有漏洞，应用湿土堵严，或用大于孔洞 2～3 倍的新膜在水中浸湿后贴于洞处。播种或定植要在原孔穴处。如春季种植黄瓜、豆角等所覆盖的地膜，秋天可用于种植大白菜、甘蓝等。这样，同一地膜在春、秋两季使用，既可增加地温和积温，又可减少投资。

② 先作小拱棚，再作地膜。先将塑料薄膜用作小拱棚，气温回升后落下，作地膜使用。要求作拱用的竹片或树枝光滑无尖角，以免破坏薄膜。

③ 地膜平盖，多次使用。将地膜直接覆盖在播种的畦面或栽培作物的表面，气温回升后收回地膜，存放再用。要求畦面细碎平整无杂物，覆盖后四周压严。这种覆盖属于临时覆盖，时间短，地膜损伤小。在春、秋季节应用，可保温保湿，防风避雨。使用后小心收回，清垢后备用。

④ 旧膜套新膜，双膜覆盖。早春作物播种后，先将新膜盖于畦面，然后将旧膜作小拱棚套在新膜外面。或者在作物幼苗定植后，用新膜破孔作地膜，外面作小拱

棚套旧膜。可提高土壤温度，促进种子发芽及幼苗生长。使旧膜得到再次利用，新膜下茬继续使用。

⑤ 沟畦覆盖，多次使用。采用沟畦覆盖栽培方法，改高畦播种或定值为高畦沟栽。即在高 15 ～ 20 厘米、宽 60 ～ 70 厘米的高畦上，开两条宽 15 ～ 20 厘米、深 20 厘米的沟。在沟内播种或定植，将膜平盖于畦面，幼苗与膜接触时，可将膜收起存放待下次使用，或开孔穴作地膜用。

农膜使用的次数越多，则成本越低。因而应选用强度高、寿命长或普通偏厚的薄膜作为多用膜。但随着使用时间的增长和使用次数的增加，薄膜的透光性和保温性都会有所降低，因此不可能无限次地使用，一般使用 2 ～ 3 次即需更换新膜。

（六）厨余类垃圾变废为宝

★制作成为酵素

制作环保酵素的小示范：

原料：红糖、水、容器、厨余垃圾（如坏掉的番茄、干瘪的黄瓜、果皮等）。

① 将早上吃的西瓜皮切成小块儿。

> ⚠ 注意!
> 可用搅拌机打碎,越细碎越容易发酵。

② 红糖:厨余垃圾:水 =1 : 3 : 10。

③ 先在容器中加入一定比例的水,再将红糖加入水里,然后摇晃至糖溶解。

④ 然后,把瓜皮倒进红糖水里。

⑤ 最后,贴上时间标签,耐心等待 3 个月后,臭烘烘的厨余垃圾就会变成香香的酵素了。

⚠ 注意！

① 尽量不要用不能膨胀的容器来制作，如玻璃或金属材质。

② 果皮切得越小越好，这样发酵时间更短。

③ 如果你想你的酵素是气味清新，可以选择有香气的一些水果，如橘子皮等。

酵素的用途

家庭堆肥方法有很多种，但操作不当很容易发臭，而环保酵素由于使用的原材料是橘子皮、苹果皮等生鲜果皮，制作出来往往具有一定的果香味，制作过程又很简单，所以深受众多种植爱好者欢迎。他们将酵素液体稀释浇花，将酵素渣堆肥。

厨余垃圾制成的酵素有什么妙用？

用途	用量	稀释率	用法
洗澡（加入水中促进肌肤健康）	50 ~ 100 毫升	酵素原液	隔夜使用
洗衣机（洗洁及衣物柔软剂）	20 ~ 50 毫升		浸泡后清洗
马桶（防止阻塞及净化粪池）	250 毫升		加入后冲水
厕所水箱（净化用水）	20 ~ 50 毫升		每星期倒入 2 ~ 3 次
花园池塘及户外水塔（净化用水）	1/10000 升		偶尔加入
皮质沙发椅（除污去霉）	适量		喷洒后擦拭，每 10 小时使用 1 次
地毯及榻榻米（除臭杀菌）	稍微喷湿	10 ~ 50 倍	每个月喷洒 1 ~ 2 次
鞋子及汽车内部（除臭杀菌）	适量		偶尔喷洒
厨房去污槽及灶炉（去除油污）	适量		偶尔浸泡及擦拭
浴室（除霉）	适量		偶尔浸泡及擦拭

续表

用途	用量	稀释率	用法
动物粪便及宠物笼子（除臭杀菌）	适量		偶尔喷洒
冷气房（除臭杀菌）	适量	200 ~ 500 倍	偶尔喷洒
洗脸盆（洁净去污）	适量	500 倍	偶尔浸泡及擦拭
橱柜及冰箱（除臭）	适量		偶尔喷洒
污水排水孔（防止阻塞）	适量		偶尔冲洗
宠物（洗澡及除臭杀菌）	适量		洗澡及刷洗时
厕所（洁净去污及除臭杀菌）	适量		喷洒及擦拭
室内（净化空气，除臭防虫）	适量	500 ~ 1000 倍	时常喷洒
衣橱及衣服（除臭杀茧）	适量		偶尔喷洒
播种及种植（肥料）	适量	1000 倍	每天浇洒

除此之外，并不提倡抗菌、消毒等功能，更绝对禁止服用。

★ 堆肥使用

● 用鸡蛋壳做叶面钙肥

有时会发现白菜有干烧心，扔掉了十分可惜。所以，我们在种植白菜时要防止白菜干烧心。

白菜干烧心主要是因为缺钙，市场上钙肥种类很多，但是自家菜园里就种几棵白菜，买一瓶钙肥回来也用不完，放着又浪费，并且好坏难辨，喷在菜上又不放心。下面给大家分享一个用鸡蛋壳在家自制钙肥的方法：

鸡蛋壳的主要成分是碳酸钙，我们直接把它弄碎撒在作物周围只能杀蜗牛和鼻涕虫等软体小动物，但不能给作物补钙。那么如何把鸡蛋壳中的钙提炼出来呢？大家已经想到了，家里的食用醋能起到这个作用！

制作方法：

① 准备 5 ~ 10 个鸡蛋壳，把它掰成小块。

② 放在锅里炒一下，注意不是为了把它炒熟了，而是加一下热后更容易把蛋壳弄碎。

③ 把炒过的鸡蛋壳倒出来，用擀面杖碾碎后放入一个大碗中备用。

④ 找出家里的食用醋，最好是陈醋，它里面含有氨基酸和微量元素，既能把蛋壳中的钙提炼出来，又能促进作物生长。把陈醋倒入盛鸡蛋壳的大碗中，浸泡 2 个小时以上。

⑤ 把蛋壳过滤出去，稀释成 150 ~ 200 倍液喷施到白菜等叶菜作物上就可以给白菜补钙了。可防止白菜出现干烧心的情况。

● 菜叶、果皮甚至烟头也不要轻易扔掉，也是除虫的好帮手

我们可以用大葱叶泡水、橘子皮和柚子皮泡水以及烟头泡水来杀灭菜地里的蜗牛和鼻涕虫等害虫，还可以用干辣椒和花椒泡水来杀灭蚜虫等。所以，这些不起眼的垃圾还是有很大作用的，不要浪费了。

● 厨余垃圾作肥料

首先我们可以准备一个大桶，倒入半桶水，把厨余垃圾放入桶中，如果皮、黄瓜皮、洋葱皮、烂的蔬菜和菜叶等，只要是厨余垃圾都可以。不过，剩饭菜最好不要直接放入桶里，因为剩饭菜里面有盐，多了对土壤环境不好，最好在放入之前用清水再煮一遍。

然后，在菜园里挖一个长条的坑，深度能够到作物根部就行，当然也可以再深一些。然后把桶里的厨余垃圾倒进坑里，盖上土就可以了。这样就不用担心有臭味和虫子，1个月之后就能得到我们想要的肥料了。

当然，若不想麻烦，也可以用一个厨余垃圾桶加上EM堆肥菌来发酵也是可以的。

制作方法：

① 材料准备：

这种方法制作起来很简单：先买来一个堆肥桶，不用太大，15升左右就可以，不占地方。当然，若菜园子大，可以买一个更大一些的。另外，还要在网上或者农资店里买一袋EM堆肥菌，什么牌子都可以，质量都差不多。最后，就是准备一些厨余垃圾，如果皮、菜叶、鸡蛋壳、菜叶、树枝叶等。

② 制作步骤：

第一步：发酵后的液体是要从堆肥桶下面的水龙

龙头放出来的，所以，我们在放入厨余垃圾之前要在堆肥桶底部铺一张报纸或者废纸板，这样可以避免水龙头堵塞。

第二步：要把大块的厨余垃圾简单处理一下，记得最好都是生的，熟的饭菜里面盐分大，对土壤环境不好，实在想用就用清水再煮一遍。把大块的垃圾切碎后，沥干水分备用，不要急着放进去。

第三步：这步就很关键了，要在堆肥桶的底部撒一层 EM 堆肥菌，不用太多，薄薄一层就可以了。然后，将处理好的厨余垃圾倒入堆肥桶中，记得不要全部一次性倒进去，大约倒入 10 厘米厚时，在上面再撒一层 EM 堆肥菌，用量为大约能够覆盖厨余表面的 75%以上就可以，覆盖压紧。接下来，每加一层垃圾就撒一层 EM 堆肥菌，直到把全部垃圾倒完为止，最后，把桶盖盖上即可。

第四步：发酵 7 天后，就可以打开阀门，把菌液放出来，喷施作物即可。怎么看发酵得菌液成没成功呢？一般发酵好的菌液是没有臭味的，有臭味就说明菌没有成活和扩繁，就得扔掉了。没有异味，颜色透明呈淡茶色，就是发酵成功了。把收集出来的菌液，稀释成 500 ~ 100 倍液后，喷施作物即可，是非常好的菌肥。当然，这样制作出来的菌液，难免有一些杂菌，要观察叶片长势，发现病害要及时处理。

第五步：发酵到 10 ~ 15 天后，可以看一下，堆肥到什么程度了。

打开堆肥桶，若看到里面的厨余垃圾长满白色或者偏红色菌丝，说明菌正常繁殖和扩繁了。但这时候不要急着取出来，还没有完全腐熟，还要再等 2 周以后才能腐熟。

没有完全腐熟，用了之后，它会在土壤里继续发酵放热，会烧坏植物的根系，所以，不建议用未腐熟的有机肥。

第六步：发酵 4 周后，如果看到堆肥桶里面的厨余垃圾长有白色、偏红色菌丝就是成功了。如果看到绿色或黑色就是没成功。还可以闻一下，有酸酸的味道，没有刺鼻的异味就是发酵成功了，有腐败的恶臭味就是没成功。

"分"享生活 ▲ ⬢ ✖ ⬢
—— 垃圾分类新时尚

（七）垃圾分类自评自考小调查

1. 您生活在什么地方？（　　　）

A. 特色保护类村庄　　　　B. 城郊融合型村庄

C. 集体提升类村庄　　　　D. 撤并搬迁型村庄

2. 请问你们村有垃圾分类吗？（　　　）

A. 分类　　　　　B. 不分类　　　　　C. 没注意

3. 您认为垃圾分类对改善环境有帮助吗？（　　　）

A. 有　　　　　　B. 没有

4. 您能清楚地分辨哪些是可回收垃圾，哪些是不可回收的垃圾吗？（　　　）

A. 完全能　　　　B. 知道一些　　　　C. 完全不知道

5. 您有经常接受垃圾分类的教育或者在村里看到有关垃圾分类的宣传吗？（　　　）

A. 有　　　　　　B. 没有　　　　　　C. 没注意

136

6.在您日常生活中,垃圾一般是如何处理的?（　　）

A.未出售也未处理，全部投放到垃圾箱

B.除废品出售外，再分类后投放垃圾箱

C.除废品出售外，其余全部投放到垃圾箱

7.分类垃圾桶和传统垃圾桶，您比较喜欢哪一种?
（　　）

A.分类垃圾桶　　　B.传统垃圾桶　　　C.都不喜欢

8.您认为在小区中实施生活垃圾分类回收的困难有
哪些?（可多选）（　　）

A.居民环保意识淡薄

B.设施不够完善

C.宣传力度不够

D.居民对垃圾回收分类知之甚少

E.职能部门规划不力

9.您所居住的生活区是否有人清理垃圾?（　　）

A.没有，都是自己清理

B.有，但不定时清理

C.有，并且定时清理

10. 您认为在小区中，垃圾可以按照哪种方式重新分类？（　　　）

　　A. "可燃烧垃圾"和"不可燃烧垃圾"

　　B. "厨房垃圾"和"非厨房垃圾"

　　C. "湿垃圾"和"干垃圾"

　　D. 其他

11. 您认为垃圾分类回收中，哪个群体应该发挥最大作用？（可多选）（　　　）

　　A. 垃圾排放者

　　B. 环卫工人

　　C. 相关职能部门

　　D. 宣传媒体

　　E. 社区宣传员

12. 谈谈你所了解的目前垃圾分类的不足之处。

（八）垃圾分类检索表

类别	生活用品	备　注
厨余垃圾	谷物及其加工食品（米、米饭、面、面包、豆类）及其加工食品（鸡、鸭、猪、牛、羊肉、蛋、动物内脏、腊肉、午餐肉、蛋壳）、水产及其加工食品（鱼、鱼鳞、虾、虾壳、鱿鱼）、蔬菜（绿叶菜、根茎蔬菜、菌菇）、废弃食用油脂、过期食品等	① 食材食品的包装物。纸巾餐具、厨房用具等不属于厨余垃圾（餐厨垃圾） ② 茶包袋、袋饰及棉线等归属其他垃圾 ③ 贝壳、大骨头、毛发及食盐、调料包、口香糖等归属其他垃圾
	剩菜剩饭、鱼骨、碎骨、茶叶渣、咖啡渣等食物残渣等	
	糕饼、糖果、坚果等零食、各式罐头食品内容物、奶粉、面粉、面包粉、糖、香料等各式粉末状可食用品，果酱、番茄酱等各式调味品，宠物饲料等	
	水果果肉、水果果皮（西瓜皮、橘子皮、苹果皮）、水果茎枝（葡萄枝）、果实果核等	
	花卉、盆栽植物残枝落叶、枯枝、残花枯草等	

续表

类别	生活用品	备 注
可回收垃圾	废弃报纸、传单、书本杂志、废纸盒、纸箱、纸板、利乐包、不直接接触药品的纸质外包装等	① 化妆品、洗护用品、食品等的立体包装物（瓶、罐、盒等）投放前，应清空内容物，尽量清洗干净、压扁 ② 带电池的玩具需要先拆除电池再投放 ③ 鞋子一般由塑料、橡胶等多种材质构成，难以利用，归属其他垃圾 ④ 外卖餐盒，食材托盘，化妆品、洗护用品、食品等的塑料包装袋，清洗干净后可以归属可回收物 ⑤ 贴有胶带的快递塑料外包装，归属其他垃圾 ⑥ 牙刷、牙线、塑料花盆等由两种或两种以上材料组成且通过物理手段难以分离的复合材料物品，归属其他垃圾
	塑料收纳箱、塑料盒、塑料容器（化妆品、洗护用品、食品饮料等容器）、塑料盆、塑料饭盒、塑料杯、塑料玩具（雪花片、乐高、塑料车、海洋球等）、塑料花架、泡沫填充物、笔的外壳、塑料文件夹、文件盒、文件套、塑料画笔、画板、相框（画框）、塑料衣架、塑料挂钩、U 盘、硬盘、网线、光盘、磁带、磁盘、唱片、充电头等	
	金属容器（化妆品、洗护用品、食品饮料等容器）、金属盆、金属饭盒、保温杯、保温壶、金属餐具炊具（碗筷、汤勺、碟子、刀、锅、烤盘、烧烤架）、杠铃、哑铃、金属衣架、手电筒、自行车（车铃、车篮）、晾衣竿、毛巾架、金属花架、园艺工具、螺丝、螺帽、榔头、电钻、卷尺、锁、钥匙、铰链、脚踏车、滑板车、金属相框（画框）、票夹、美工刀、金属挂钩、金属登山杖等	
	平板玻璃、玻璃容器（化妆品、清洗用品、食品等容器），玻璃饭盒、玻璃杯、玻璃弹珠	

续表

类别	生活用品	备　注
可回收垃圾	床单、纯棉或涤纶窗帘、围巾、围脖、纯棉类和涤纶类的衣物、无纺布及帆布材质的包和手提袋、羽绒衣等	⑦ 遮光布及遮光窗帘、雨衣、帐篷等含防水涂料不能回收，归属其他垃圾桶 ⑧ 毛绒玩具、棉被等利用价值低，归属其他垃圾 ⑨ 受过污染、无二次利用价值的废旧衣物归为其他垃圾 ⑩ 废弃电路板，归属有害垃圾
	电冰箱、空调、吸油烟机、洗衣机、电热水器、燃气热水器、打印机、复印机、传真机、电视机、监视器、微型计算机（台式计算机、平板电脑、掌上电脑）、移动通信手持机、电话单机等	
	床及床垫、沙发、橱柜、桌椅、门窗等大件垃圾	
有害垃圾	废药品及其内包装，废含汞温度计、含汞血压计 废油漆、废笔芯、废硒鼓墨盒及其包装物 废杀虫剂、消毒剂、废清洁剂、空调清洗剂及其包装物	① 不接触或未沾染药品的纸盒等外包装，归属可回收物 ② LED 灯不是有害垃圾
	废发动机油、制动器油、自动变速器油、齿轮油等废润滑油及其包装物，沾染废矿物油的抹布、手套等	
	废 X 光片、CT 光片等感光胶片、废相纸底片	
	废日光灯管、荧光灯管、节能灯	
	铅蓄电池、充电电池（含汞、镍氢、镍镉）、纽扣电池、废电路板	

续表

类别	生活用品	备 注
其他垃圾	卫生纸、纸巾、其他受污染的纸类物质	
	不宜再生利用的生活用品：牙膏、牙线、浴球、浴帽、海绵、搓澡巾、剃须刀等个护用品、各类刷子、面膜、化妆刷、化妆棉等化妆用品、一次性用品（桌布、餐具、杯子）、棉被、内衣裤、袜子、鞋垫、帽子、手套、口罩、遮光布、毛绒玩具、枕头、干燥剂、镜子、瓶塞、非金属筷子、汤勺、碟子、烘焙用具、各类球、球拍、瑜伽垫、沙袋、拳击手套、帐篷、睡袋、头灯、指南针、雨伞、雨衣、火柴、蜡烛、碱性电池、碳性电池、普通塑料购物袋、LED灯、各类绳子、防尘罩、地毯、踏垫、钢丝球、清洁球、抹布、百洁布、自行车轮胎、铅笔、橡皮、印泥、胶水、双面胶、透明胶、鼠标垫、塑封膜、橡皮筋、快递塑料外包装、花盆、托盘、数据线、充电线、拖把、扫帚、畚箕、橡皮鸭、磁力玩具、木制玩具（七巧板、积木等）、爬行垫、塑料拼垫、橡皮泥、水晶泥、颜料、弹力球等玩具	
	烟蒂、灰土、陶瓷、动物大骨、动物粪便、贝壳及其他难以归类和无利用价值物品	